水利工程施工
与管理探索

王莉 李小兵 孙英 ◎著

中国出版集团

中译出版社

图书在版编目（CIP）数据

水利工程施工与管理探索 / 王莉，李小兵，孙英著
. -- 北京：中译出版社，2024.1
ISBN 978-7-5001-7722-7

Ⅰ. ①水… Ⅱ. ①王… ②李… ③孙… Ⅲ. ①水利工
程－工程施工－项目管理－研究 Ⅳ. ①TV512

中国国家版本馆CIP数据核字(2024)第033155号

水利工程施工与管理探索
SHUILI GONGCHENG SHIGONG YU GUANLI TANSUO

著　者：王　莉　李小兵　孙　英
策划编辑：于　宇
责任编辑：于　宇
文字编辑：田玉肖
营销编辑：马　萱　钟筏童
出版发行：中译出版社
地　　址：北京市西城区新街口外大街28号102号楼4层
电　　话：（010）68002494　（编辑部）
由　　编：100088
电子邮箱：book@ctph.com.cn
网　　址：http://www.ctph.com.cn

印　　刷：北京四海锦诚印刷技术有限公司
经　　销：新华书店
规　　格：787 mm×1092 mm　1/16
印　　张：11.75
字　　数：230千字
版　　次：2024年1月第1版
印　　次：2024年1月第1次印刷

ISBN 978-7-5001-7722-7　　　　定价：68.00元

前　言

　　水利水电是社会经济发展的重要基础设施和基础产业。随着我国建筑业管理体制改革的不断深化，以工程项目管理为核心的中国水利水电施工企业的经营管理体制也发生了很大的变化，这就要求企业必须对施工项目进行规范、科学的管理。水利工程施工是指根据设计方案中所提出的工程结构、数量、质量、进度及造价等要求，对水利工程进行修建。水利工程在具体施工过程中的技术措施、操作方式、维修应用等，都是水利工程管理的重要组成部分。为了确保水利工程建成投入使用后能够实现预期效果和验证原设计的正确性，必须对施工全过程实行有效的管理。

　　现阶段，我国经济形势处于一个上升的阶段，对水利工程建设的需求越来越大，水利工程的规模也在不断地扩大，量对于我国经济发展有很大的推动作用。随着我国水利工程建设的发展规模不断扩大，施工单位必须做好施工中每一个环节的工作，尤其是施工管理工作。施工单位要根据水利工程建设的实际情况建立健全施工管理体系，制定完善的施工管理规章制度，从而使水利工程施工按正常进度进行，确保水利工程施工质量符合要求。此外，在具体的施工过程中，施工单位要做好施工安全管理工作，切实保证施工人员的人身安全。

　　本书从水利工程基础介绍入手，针对水利工程基础工程施工、导截流工程施工、爆破工程施工、混凝土坝施工、隧洞工程施工、渠系建筑物施工进行了分析研究；另外，对水利工程施工成本管理、施工进度管理、施工质量管理做了一定的介绍；还对水利工程安全管理与文明施工做了研究。本书论述严谨，结构合理，条理清晰，内容丰富新颖，具有前瞻性，可以作为从事水利工程施工与管理相关技术人员的参考资料。其不仅能够为水利工程施工提供翔实的理论知识，同时也能为水利工程施工与管理相关理论的深入研究提供借鉴。

　　本书在成书过程中，难免会有一些不足之处，望广大读者朋友予以指正。

作　者

2023年12月

目　录

第一章 水利工程与水土保持

水利工程的目的在于开发利用水资源，减少自然灾害，这也是水利工程的核心要素。在水利工程建设过程中，预防性监督可以提高工程质量、维护生态平衡、解决人民群众生产生活中出现的困难。现在我国还存在较为严重的水土流失问题，呈现出大面积水土流失的典型特征。这些自然灾害严重影响了人民群众的正常生活。基于此，相关部门要充分认识到水土保持的重要意义，采用科学合理的方案，做好水利工程中的水土管理。

第一节 水利工程概述

一、水利工程及工程建设的必要性

我国经济在改革开放之后迅速发展，国民生活水平随之大幅度提高，各项制度不断完善，水利设施建设也在大刀阔斧地进行。而随着经济的高速发展，能源需求也急速增加。

（一）促进西部大开发的需要

黄土高原地区有煤炭、石油、天然气等矿产，资源丰富，是西部地区矿产集中区之一，开发潜力巨大。该区是我国重要的能源和原材料基地，在我国经济社会发展中占有重要地位。该地区严重的水土流失和极其脆弱的生态环境与其在我国经济社会发展中的重要作用极不相称，这就要求在开发建设的同时，必须同步进行水土保持生态建设。堤坝建设是水土保持生态建设的重要措施，也是资源开发和经济建设的基础工程。加快堤坝建设，可以快速控制水土流失，提高水资源利用率，通过促进退耕还林、还草及封禁保护，加快生态自我修复，实现生态环境的良性循环，改善生产、生活和交通条件，为西部开发创造良好的建设环境，对于国家实施西部大开发的战略具有重要的促进作用。

山丘区资源丰富，有大量的矿产资源，由于缺电，这些矿产资源不能得到合理的开采和深加工。同时，山丘区的加工业及其他产业发展也受到限制，严重制约着山区农村经济的发展。工程建成以后，由于电力资源丰富，可以促进农村经济的发展。水电站是山区水利和水利工程的重要组成部分，是贫困山区经济发展的重要支柱、地方财政收入的重要来源、农民增收的根本途径，对精神文明建设，以及乡镇工、副业的发展和农村电气化将发挥重要作用。

（二）改善生态环境的需要

巩固退耕还林、还草成果的关键是当地群众要有长远稳定的基本生活保证。堤坝建设形成了旱涝保收、稳产、高产的基本农田和饲料基地，使农民由过去的广种薄收改为少种高产多收，促进了农村产业结构调整，为发展经济创造了条件，解除了群众的后顾之忧，与国家退耕政策相配合，就能够保证现有坡耕地"退得下、稳得住、不反弹"，为植被恢复创造条件，实现山川秀美。

泥沙主要来源于高原。修建于沟道中的堤坝，从源头上封堵了向下游输送泥沙的通道，在泥沙的汇集和通道处形成了一道人工屏障。它不但能够拦蓄坡面汇入沟道内的泥沙，而且能够固定沟床，抬高侵蚀基准面，稳定沟坡，制止沟岸扩张、沟底下切和沟头前进，减轻沟道侵蚀。

（三）水利枢纽

水利枢纽是为满足各项水利工程兴利除害的目标，在河流或渠道的适宜地段修建的不同类型水工建筑物的综合体。水利枢纽按承担任务的不同，可分为防洪枢纽、灌溉枢纽、水力发电枢纽和航运枢纽等。多数水利枢纽承担多项任务，称为综合性水利枢纽。影响水利枢纽功能的主要因素是位置和布置方案。水利枢纽工程的位置一般通过河流流域规划或地区水利规划确定。具体位置需要充分考虑地形、地质条件，使各个水工建筑物都能布置在安全可靠的地基上，并能满足建筑物的尺度和布置要求，以及施工的必需条件。水利枢纽工程的布置，一般通过可行性研究和初步设计确定。水利枢纽工程布置必须使各个不同功能的建筑物在位置上各得其所，在运用中相互协调，充分有效地完成所承担的任务；各个水工建筑物单独使用或联合使用时水流条件良好，上下游的水流和冲淤变化不影响或少影响枢纽的正常运行，总之，技术上要安全可靠；在满足基本要求的前提下，要力求建筑物布置紧凑，一个建筑物能发挥多种作用，减少工程量和工程占地，以减少投资；同时，要充分考虑管理运行的要求和施工便利，工期要短。一个大型水利枢纽工程的总体布置是一项复杂的系统工程，需要按系统工程的分析研究方法进行论证确定。

建设水利工程是国家实施可持续发展战略的重要体现，将为水电发展提供新的动力。小水电作为清洁可再生绿色能源，越来越广泛地得到全社会的肯定，发展小水电既可减少有限的矿物燃料消耗、减少二氧化碳的排放和环境污染，又可以解决农民的烧柴和农村能源问题，有利于农村能源结构的调整，有利于退耕还林、封山绿化、植树造林和改善生态环境，有利于人口、环境的协调发展，有利于水资源和水能资源的可持续利用，从而促进当地经济的可持续发展。

二、水利工程的分类

水利工程按目的或服务对象可分为：防止洪水灾害的防洪工程；防止旱、涝、渍灾为农业生产服务的农田水利工程，或称灌溉和排水工程；将水能转化为电能的水力发电工程；改善和创建航运条件的航道和港口工程；为工业和生活用水服务，并处理和排除污水、雨水的城镇供水和排水工程；防止水土流失和水质污染，维护生态平衡的水土保持工程和环境水利工程；保护和增进渔业生产的渔业水利工程；围海造田，满足工农业生产或交通运输需要的海涂围垦工程；等等。一项水利工程同时为防洪、灌溉、发电、航运等多种目标服务的，称为综合利用水利工程。

（一）防洪工程

防洪工程包括防止旱、涝、渍灾，为农业生产服务的农田水利工程，或称灌溉和排水工程，以及将水能转化为电能的水力发电工程。

（二）引水工程

引水工程包括水库和塘坝，按大、中、小型水库和塘坝分别统计。

（三）提水工程

提水工程，是指利用扬水泵站从河道、湖泊等地表水体提水的工程，按大、中、小型规模分别统计。

（四）地下水利工程

地下水利工程研究地下水资源的开发和利用，使之更好地为国民经济各部门服务。农业上的地下水利用，就是合理开发与有效利用地下水进行灌溉或排灌，结合改良土壤及农牧业给水必须根据地区的水文地质条件、水文气象条件和用水条件，进行全面规划。在对地下水资源进行评价和摸清可开采量的基础上，制订开发计划与工程措施。在地下水利用规划中要遵循以下原则：第一，充分利用地面水，合理开发地下水，做到地下水和地面水统筹安排；第二，应根据各含水层的补水能力，确定各层水井数目和开采量，做到分层取水，浅、中、深结合，合理布局；第三，必须与旱涝碱咸的治理结合，统一规划，做到既保障灌溉，又降低地下水位、防碱防渍，既开采了地下水，又腾空了地下库容，使汛期能存蓄降雨和地面径流，并为治涝治碱创造条件。在利用地下水的过程中，还必须加强管

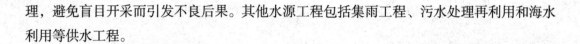

理，避免盲目开采而引发不良后果。其他水源工程包括集雨工程、污水处理再利用和海水利用等供水工程。

三、工程任务及规模

建设项目的任务，是指项目建成后需要达到的目标，而建设范围是指建设规模，这是整个水利工程任务中最核心的一个环节。有关专业人员要在工程中的每一个过程中对于科技和效益两大方面实施强有力的审核和校评，同时也要在良好方法的前提下，准确地进行工程任务中严格的费用预期计划。这是整个水利工程中各阶段预期费用掌控任务总的经济投入的重要根据，在投资决策阶段，对工程任务进行完整、准确、公正的评估。

（一）工程特征水位的初步选择

初选灌区开发方式，确定灌区范围，选定灌溉方式，拟定设计水平年，选定设计保证率，确定供水范围、供水对象，选定供水工程总体规划，说明规划阶段确定的梯级衔接水位，结合调查的水库淹没数据和制约条件及工程地质条件，通过技术经济比较，基本选定水库正常蓄水位，初选其他主要特征水位。

（二）地区社会经济发展状况、工程开发任务

收集工程影响地区的社会经济现状和水利发展规划资料，收集水利工程资料要包括现有、在建和拟建的各类水利工程的地区分布、供灌能力，以及待建工程的投资、年运行费等。确定本工程的主要水文及水能参数和成果。收集近年来社会经济情况，人口、土地、矿产、水资源等资料，工农业、交通运输业的现状及发展规划，主要国民经济指标，水资源和能源的开发和供应状况等资料。

（三）主要任务

确定工程等别及主要建筑物级别、相应的洪水标准和地震设防烈度；初选坝址；初拟工程枢纽布置和主要建筑物的形式、主要尺寸，对复杂的技术问题进行重点研究，分项提出工程量。根据相关规划，结合本工程的特点，分析各综合利用部门对工程的要求，初定其开发任务以灌溉、供水为主，兼有防洪、发电、改善水环境等功能。

1.供水范围、设计水平年、设计保证率

供水范围：根据相关规划，协调区域水资源配置，结合上阶段分析成果，进一步论证工程供水范围。具体要求包括：①满足灌区农业抗旱的需要；②满足灌区工业发展的需要；③解决灌区人畜饮水安全的需要；④改善和保护灌区生态环境的需要。

设计水平年：水利工程的设计水平年，应根据其重要程度和工程寿命确定。一般的水

利工程，可采用"设计水平年"和"远景水平年"两种需求水平，设计水平年是水利工程的设计依据，按远景水平年进行校核。对于特别重要的工程规模的确定，则应考虑得更长远一些。综合利用水利枢纽应先论证，拟定各需水部门的设计水平年。对于以发电为主的综合利用枢纽，设计水平年的选择应根据地区的水力资源比重、水库调节性能及水电站的规模等情况综合分析确定。

设计保证率：对设计保证率的选定，可以间接反映各地区某段时期内的技术和经济政策导向。此外，设计保证率与当前付出成正比，随着设计保证率的提高，所应承担代价逐步增加，水资源客体承担风险也相应减少。值得注意的是，不同水资源事件所需设计保证率不尽相同，因此，有必要在充分考虑城镇与农村规划、区域经济状况和工程环境条件基础上，探究水资源设计保证率选定的合理范围。

2.需水预测

根据工程供水范围内区域社会经济发展规划及各行业发展规划，分部门预测灌溉需水、生活需水、第二产业需水、第三产业需水、生态环境需水及其他需水。水库坝址须下泄的生态环境用水量由环评专业提供，本专业重点研究灌溉需水、生活需水、工业需水、发电用水。

3.对发电用水，是否发电与灌溉供水结合应进行研究

（1）是否预留发电库容的方案

方案一：不预留专门库容。水库对电站用水不做调节。水库规模由灌区综合供水和生态环境用水确定。

方案二：考虑到水库来水丰沛，汛期余水较多，水库按枯水年基本实现完全年调节控制。

（2）是否发电与灌区供水结合的方案

方案一：发电与灌区供水结合。电站布置在渠首，多利用灌区综合用水发电。

方案二：发电与灌区供水不结合。电站布置在坝后，仅利用环境用水和水库汛期余水发电，但可多利用水头。

4.供水预测

调查了解灌区现有水利工程的数量、分布、供水能力及运行情况，收集有关的水利规划资料，分析预测灌区各类水工程的数量和可供水量。

（1）引水堰和提灌站

根据其灌溉和供水户的需水量、引水能力和取水坝址的来水量分析计算。

（2）山坪塘和石河堰

采用兴利库容乘以供水系数法估算供水量。采用典型调查方法，参照邻近及类似地区的成果分析确定其供水系数，结合水文提供的各年径流频率求逐年的供水量，主要用于削

减灌区用水峰量。

（3）小水库

根据其集水面积、兴利库容、水文提供的径流深及供水区需水预测成果，采用长系列进行调节计算，得出逐年的供水量。

5.供水区水量平衡分析

（1）渠系总布置

与水工专业共同研究渠系总布置方案，落实干支斗渠的长度、衬砌形式，绘制灌区渠系直线示意图，根据灌区的地形条件进行典型区选择和典型区田间灌排渠系布置，以此为据，计算干支斗渠以下的田间灌溉水利用系数。

（2）分片区水量平衡

根据灌区分片，首先，根据需水预测、灌区水资源分析成果及调查的自备水源供水情况，分析预测现状和设计水平年自备水源的供水量；然后在求得灌区需水利工程供水量后，根据灌区供需水预测成果，进行现状和设计水平年供需平衡分析。

（3）灌溉水利用系数分析及需水库供水量的计算

在分片水量平衡的基础上，根据灌区渠系布置及分渠系设计灌水率，采用考斯加可夫公式，从下往上逐级推算渠道净流量、毛流量和水量，求得各级渠道的渠道水利用系数及干渠渠首需水库的供水量。田间水利用系数采用0.92，由不计现代水利施工与项目管理工业生活供水时求得的渠系水利用系数乘以渠系水利用系数得到灌区的灌溉水利用系数。

6.水库径流调节

根据水库天然来水量及供水量，进行水库调节计算。经方案比较，选择水库兴利容积及相应特征水位。

7.防洪规划

根据河流的流域分布特点，分析确定水库防洪保护范围，分析防洪保护对象的防洪要求，确定其防护标准。根据河流域自然地理条件、防洪现状，结合防洪保护对象防洪要求，选择防洪总体布置方案。

四、工程占地及移民安置

（一）水利工程占地

随着我国经济的发展，水利工程也在逐步发展壮大。水利工程是一项重大的长期工程，是关乎数代人生存发展的重要工程。发展水利对于我国这样一个水利大国来说非常必要，同时，兴修水利、促进水利和人民和谐共存是建设水利工程的目标，而高质量的水利工程是发挥水利作用的重要保证。有效的、高质量的水利工程对于农业经济发展也有着举足轻重的作用。我国水利情况较为复杂，水利相关建设难度较大，国家的经济发展和人民群众的自身生活与水利设施关系密切。关于水利工程的投资工作，我国在管理上还存在着不少问题，在征地拆迁和移民安置的问题上许多工作还有待进一步完善。水利工程的建设对于我国的水灾治理、农业经济发展等各方面都有着重要及深远的意义。在现阶段，随着我国经济的快速发展，水利项目不断增多，整体行业的规模不断增大，项目管理团队在管理工作上也遇到了很大的挑战。做好水利项目的管理工作，严格控制水利工程中的投资资金，做好征地移民安置工作，对于打造安全稳定的高质量水利工程，保证我国的经济稳定发展，维持社会和谐和稳定，保证人民生命财产安全有着重要的意义。征地移民是水利工程建设管理中的重要一环，要利用完善的监管工作对征地移民工作进行管理。为保障工程单位的经济效益，同时保证拆迁地区居民的自身权益，在征地移民的工作进行前，要做好规划工作，制订合理科学的安置计划。在水利工程征地的选择上，大多数是农村地区的土地，所以农民对于征地工作的态度非常重要，也是整体工程进行和实施中较为重要的不安因素。在制订安置计划时，要在严格遵循法律、法规的基础上，合理对征地移民工作进行分析，做好前期规划工作，保证后续工作的顺利开展。

1.征、占地拆迁及移民设计的原则

征、占地拆迁及移民设计的原则是尽量少征用土地面积，少拆迁房屋，少迁移人口，深入实地调查，要顾全堤防整险加固工程建设和人民群众两方面的根本利益。

2.减少拆迁移民的措施

堤身加高培厚、建筑内外平台、堤基渗控处理等，是堤防整险加固工程造成移民拆迁的主要原因。经过技术及经济合理性分析研究与优化设计，在不影响干堤防洪能力的情况下，可以采取以下措施减少拆迁移民：在人口集中的地区，加高培厚进行整治时，进行多方案比较，选取最优的方案，以减少堤身加高培厚造成的工程占地和拆迁移民；堤基渗控的一般处理方式为"以压为主，压导结合"，根据堤段具体地质条件，堤基如有浅沙层，可采取垂直截渗措施，以减少防渗铺盖和堤后压重占地而导致的移民；在拆迁和征地较集中的地区，根据工程实施情况，尽可能采用分步实施的原则，这样既可以减少一次性投资，又可以减少对地方带来的压力，更重要的是可以减少大量集中拆迁移民导致的拆迁移民的反感情绪及不良的社会影响。

3.征、占地范围

根据堤防工程设计，一些工程措施将占压一定数量的土地和拆迁工程范围内的房屋及搬迁部分居民，同时，施工料场和施工场地、道路，需要临时占用部分土地。

4.实物指标调查方法

实物指标调查方法，是指按照实物指标调查的内容制定调查表格，提出调查要求，由各区堤防管理部门负责调查、填表。在此基础上进行汇总统计和分析，重点抽样调查，实地核对，主要包括居民户调查、企事业单位拆迁调查、占地调查。另外，对工程占压的道路、输变电设施、电信设施、广播电视设施、公用设施及其他专用设施分堤段进行调查登记。根据各区调查登记的成果，组织专业技术人员对征地拆迁量较大的堤段进行重点抽样调查、核对。

（二）移民安置

移民安置是指对非自愿水利水电工程移民的居住、生活和生产的全面规划与实施，以达到移民前的水平，并保证他们在新的生产、生活环境下的可持续发展。具体包括移民的去向安排，移民居住和生活设施、交通、水电、医疗、学校等公共设施的建设或安排，土地征集和生产条件的建立，社区的组织和管理等，是为移民重建新的社会、经济、文化系统的全部活动，是一项涉及多行业、综合性、极其复杂的系统工程。移民安置是水利水电工程建设的重要组成部分，安置效果直接关系到工程建设的进展、效益的发挥乃至社会的安定。

1.移民安置环境容量

移民安置环境容量是指在一定区域和一定时期内，在保证自然生态向良性循环演变，并保证一定生活水平和环境质量的条件下，按照拟定的规划目标和安置标准，对该区域自然资源进行综合开发利用后，该区域经济所能供养和吸收的移民人口数量。第二产业安置移民环境容量计算只考虑结合地方资源优势，利用移民生产安置资金新建的第二产业项目，按项目拟配置的生产工人数量确定接纳移民劳动力的数量。

2.生产安置人口

生产安置人口是指因水利水电工程建设征收或影响主要生产资料，需要重新安排生产出路的农业人口。可以这样理解：一个以土地为主要收入来源的村庄，受水库淹没影响后，其生产安置人口占村庄总人口的比重与水库淹没影响的土地占该村庄土地总量的比重应是一致的。生产安置人口在规划阶段是一个量化分析的尺度，不落实到具体的人。

3.搬迁安置人口

搬迁安置人口包括由于水利水电工程建设征地而必须拆迁的房屋内所居住的人口，含农业人口和非农业人口。搬迁安置人口可以根据住房的对应关系落实到人，生产安置人口和搬迁安置人口是安置任务指标，不是淹没影响的实物指标。

4.水库库底清理

在水库蓄水前，为保证水库水质和水库运行安全，必须对淹没范围内的房屋及附属建筑物、地面附着物、各类垃圾和可能产生污染的固体废弃物采取拆除、砍伐、清理等处理措施。这些工作称为水库库底清理，库底清理分为一般清理和特殊清理。一般清理又分为卫生清理、建筑物清理、林木清理三类；特殊清理是指为开发水域各项事业而进行的清

理，特殊清理费用由相关单位自理。

（三）移民安置的原则

移民安置原则主要有以下八点：

第一，节约土地是我国的基本国策。安置规划应根据我国人多地少的实际情况，尽量少占用土地，少迁移人口。

第二，移民安置规划要与安置地的国土整治、国民经济和社会发展相协调，要把安置工作与地区建设、资源开发、经济发展、环境保护、水土保持结合起来，因地制宜地制定恢复与发展移民生产的措施，为移民自身发展创造良好条件。

第三，贯彻开发性移民方针，坚持国家扶持、政策优惠、各方支援、自力更生的原则，正确处理国家、集体、个人之间的关系；通过采取前期补偿、补助与后期生产扶持的办法，妥善安置移民的生产、生活，逐步使移民生活达到或者超过原有水平。

第四，移民安置规划方案要充分反映移民的意愿，要得到广大移民的理解和认可。

第五，各项补偿要以核实并经移民签字认可的实物调查指标为基础，合理确定补偿标准，不留投资缺口。

第六，农村人口安置应尽可能以土地为依托。

第七，集中安置要结合集镇规划和城市规划进行。

第八，迁建项目的建设规模和标准，以恢复原规模、原标准、原功能为原则。结合地区发展，扩大规模，提高标准及远景规划所需的投资，需要由当地政府和有关部门自行解决。

第二节　水土保持工程

一、水土保持工程概述

（一）水土保持工程的研究对象和目的

水土保持工程的研究对象是山丘区和风沙区保护、改良与合理利用水土资源，以及防止水土流失的工程措施。水土流失的形式包括土壤侵蚀及水的损失。土壤侵蚀除雨滴溅蚀、片蚀、细沟侵蚀、浅沟侵蚀、切沟侵蚀等典型的土壤侵蚀形式外，还包括河岸侵蚀、山洪侵蚀、泥石流侵蚀及滑坡侵蚀等形式。

水土保持工程的目的在于充分发挥山丘区和风沙区水土资源的生态效益、经济效益和社会效益，改善当地农业生态环境，为发展山丘区、风沙区的生产和建设，整治国土，治理江河，减少水、旱、风沙灾害等服务。

（二）水土保持工程措施

水土保持工程措施是小流域水土保持综合治理措施体系的重要组成部分，主要的工程措施有山坡防治工程、山沟治理工程、小型蓄水用水工程等。

山坡防治工程的作用在于用改变地形的方法防止坡地水土流失，将雨水和雪水就地拦蓄，使其渗入农地、草地或林地，减少或防止形成坡地径流，增加农作物、牧草及林木可利用的水分；同时，将未能就地拦蓄的坡地径流引入小型蓄水工程。在可能发生重力侵蚀危险的坡地上，可以修筑排水工程或支撑建筑物防止滑坡。属于山坡防治工程的措施有建造梯田、拦水沟坡、水平沟、水平阶、水簸箕、鱼鳞坑、山坡截流沟、水窖、蓄水池，以及稳定斜坡下游的挡土墙等。

山沟治理工程的作用在于防止沟头前进、沟床下切、沟岸扩张，减缓沟床纵坡，调节山洪洪峰流量，减少山洪或泥石流的固体物质含量，使山洪安全排泄，不对沟口冲击堆造成灾害。主要措施有沟头防护工程、谷坊工程、以拦蓄调节泥沙为主要目的的各种拦沙坝，以及以拦泥淤地、建设基本农田为目的的淤地坝及沟道护岸工程等。

小型蓄水用水工程的作用在于将坡地径流和地下潜流拦蓄起来，减少水土流失危害，灌溉农田，提高作物产量。工程措施有小水库、蓄水塘坝、淤滩造田、引洪漫地、引水上山等。

（三）水土保持工程设计原则

为了有效保护、改良与合理利用水土资源，在开展水土保持工程综合治理时，要遵循以下原则：

第一，把防止与调节地表径流放在首位。设法提高土壤透水性及持水能力，在斜坡上建造拦蓄径流或安全排导的小地形，利用植被调节、吸收或分散径流的侵蚀能力。以预防侵蚀发生为主，使保水和保土相结合。

第二，提高土壤的抗蚀能力。采用整地、增施有机肥料、种植根系固土作用强的作物、施用土壤聚合物等方法。

第三，重视植被的环境保护作用。营造水土保持林，调节径流，防止侵蚀，改善小气候，保护生物多样性。

第四，因地制宜，采用综合措施防止水土流失。针对不同的水土流失类型区的自然条件制定不同的综合措施，提出保护、改良与合理利用水土资源的合理方案。

第五。生态–经济效益兼优的原则。在设计水土保持综合治理措施体系的过程中，提出多种方案，选用生态-经济效益兼优的方案。在确定水土保持综合治理方案时，全面估计方案实施后的生态效益及经济效益，预测水土保持工程措施对保土作用及环境因素的影响，使发展生产与改善生态环境标准相结合，实现持续发展。

第六，以"可持续发展"的理论指导区域的综合整治与经营。将某一区域的经济发展建立在区域生态环境不断得以改善的基础上，采用综合措施整合经营区域内以水、土为主的各种自然资源，建立优化的区域人工生态经济系统。

二、挡土墙

挡土墙是指支承路基填土或山坡土体、防止填土或土体变形失稳的构造物。在挡土墙横断面中，与被支承土体直接接触的部位称为墙背，与墙背相对的、临空的部位称为墙面，与地基直接接触的部位称为基底，与基底相对的、墙的顶面称为墙顶，基底的前端称为墙趾，基底的后端称为墙踵。

（一）挡土墙的类型

1.按挡土墙的设置位置分类

挡土墙根据设置位置的不同，可分为路肩墙、路堤墙、路堑墙和山坡墙等。设置于路堤边坡的挡土墙称为路堤墙；墙顶位于路肩的挡土墙称为路肩墙；设置于路堑边坡的挡土墙称为路堑墙；设置于山坡上，支承山坡上可能坍塌的覆盖层土体或破碎岩层的挡土墙称为山坡墙。

2.按挡土墙的结构类型分类

（1）常见的挡土墙的结构形式

①重力式挡土墙。重力式挡土墙靠自身重力平衡土体，一般形式简单、施工方便、工程量大，对基础要求也较高，通常适用于高度不大的情况。

②悬臂式挡土墙。悬臂式挡土墙用钢筋混凝土建造，一般由三个悬臂板组成，即立臂、墙趾悬臂和墙踵悬臂，其稳定性靠墙踵悬臂上的土重来维持，优点是结构尺寸小、自重轻、构造简单，适用于墙高为6~10m的情况。

③扶臂式挡土墙。扶臂式挡土墙用钢筋混凝土修建，由直墙、扶臂及底板三部分组成，利用扶臂和直墙共同挡土，并可利用底板上的填土维持稳定，适用于墙高大于10m的坚实或中等坚实的地基上的情况。

（2）新型挡土结构形式

①拉锚式挡土墙。拉锚式挡土墙包括锚定板挡土墙和锚杆式挡土墙。锚定板挡土墙由面板、钢拉杆和埋在土中的锚定板组成。锚定板挡土墙所受土压力完全由面板传给拉杆

和锚定板。锚定板挡土墙的面板为断续式，结构轻便且有柔性；另一种形式的锚定板挡土墙，其面板为上下一体的钢筋混凝土板。锚定板挡土墙的锚定板和拉杆是在填土施工中埋入填土内的，并与面板有效连接成为整体，所以锚定板挡土墙主要用于填土中的挡土结构，也常用于基坑围护结构。锚定板挡土墙的稳定性完全取决于锚定板的抗拔力。

锚杆式挡土墙由预制的钢筋混凝土立柱及挡土面板构成墙面，与水平或倾斜的钢锚杆共同组成挡土墙，锚杆的一端与立柱连接，另一端被固定在边坡深处的稳定岩层或土层中，墙后土压力由挡土板传给立柱，锚杆与稳定层间的锚固力使墙壁获得稳定，一般多用于路堑挡土墙。在土方开挖的边坡支护中常用喷锚支护形式，喷锚支护是用钢筋网配合喷混凝土代替锚杆挡土墙的面板，形成喷锚支护挡土结构，在工程中也称为土钉墙。

②加筋土挡土墙。加筋土挡土墙有刚性筋式和柔性筋式两种，前者用加筋带或刚性大的土工格栅做加筋，后者用土工织物做加筋建成。

刚性加筋土挡土墙由面板、拉筋条与填土共同组成。在垂直墙方向，按一定间隔和高度水平布置拉筋材料，填土压实后通过填土与拉筋的摩擦作用，把作用在面板上的土压力传给拉筋和填土，靠稳定的填土维持挡土结构的稳定。拉筋材料通常为镀锌薄钢带、铝合金、增强塑料及合成纤维等，墙面板多为钢筋混凝土预制板或半圆形铝板，加筋挡土墙属柔性结构，对变形的适应性强、结构简单、经济，适用于高度大的路基，工程中常用加筋土处理陡坡。其作用相当于挡土结构。用土工织物做筋材，坡面处将土工织物折回包裹，长度不短于1m，坡面很陡时可利用堆土袋、模架等支持坡面。

（二）挡土墙的土压力

1.土压力类型

挡土结构的使用条件不同，其土压力的性质、大小都不同。土压力的大小主要与挡土墙的位移、墙后填土的性质及挡土墙的刚度等因素有关。根据挡土墙位移方向的不同，土体有三种不同的状态，即静止状态、主动状态和被动状态。根据挡土结构物位移方向和大小可将土压力分为静止土压力、主动土压力、被动土压力三种类型。其中，主动土压力和被动土压力都是极限平衡状态时的土压力，分别是土体处于主动极限平衡状态和被动极限平衡状态下的土压力。

（1）静止土压力

当挡土墙保持相对静止状态时，墙后填土处于相对静止状态，此状态下的土压力称为静止压力。

（2）主动土压力

当挡土墙由于某种原因引起背离填土方向的位移时，填土处于主动推墙的状态，称为主动状态。随着挡土墙位移的增大，作用在挡土墙的土压力逐渐减小，即挡土墙对土体的反作用力逐渐减小。挡土墙对土的支持力小到一定值后，挡土墙后填土就失去稳定而发生滑动。挡土墙后填土即将滑动的临界状态称为填土的主动极限平衡状态，此时作用在挡土墙上的土压力最小，称为主动土压力。

（3）被动土压力

当挡土墙在外荷载作用下产生向填土方向的位移时，挡土墙后的填土就处于被动状态。随着墙内填土方向位移的增大，填土所受墙的推力就越来越大，此时土对墙的反作用也越来越大。当挡土墙对土的作用力增大到一定值后，墙后填土就会失去稳定而滑动，墙后填土即将滑动的临界状态称为填土的被动极限平衡状态，此时作用在挡土墙上的土压力称为被动土压力。

2.土压力的计算

由于挡土墙一般都是条形构筑物，计算土压力时可以取1m长的挡土墙进行分析。挡土墙受静止土压力作用时，墙后填土处于弹性平衡状态。由于墙体不动，土体无侧向位移，其土体表面下任一深度的静止土压力强度可按弹性力学公式计算侧向应力得到。

3.减小主动土压力的措施

减小主动土压力就可以减小墙身的设计断面，从而减少工程造价。工程中常采用以下措施来减小主动土压力，而具体采取哪一种措施要结合工程实际情况进行选择。

（1）选择合适的填料

在条件允许时，工程中可以选择内摩擦角大的土料，以显著降低主动土压力；有时也可选择轻质填料，这些填料的内摩擦角不会因浸水而降低很多，同时也利于排水。

对于黏性土，其黏聚力会因浸水而降低，所以黏性土的黏性极不稳定，因此在计算土压力时常不考虑其拉应力。但如果有措施能保证填土符合规定要求，也可以计入黏聚力的影响。

（2）改变墙体结构和墙背形状

改变墙背的几何形状可以达到减小主动土压力的目的，采用中间凸出的折线形墙背，或在墙背上设置减压平台，也可以采用悬臂式的钢筋混凝土结构以增大墙体的稳定性。当地基强度不高，而挡土墙高度较大时，也常采用空箱式挡土墙。

（3）减小地面堆载

填土表面荷载的作用常会增大作用在挡土墙上的土压力，应减小地面荷载，将不必要的堆载远离挡土墙，使土压力减小，增加挡土墙的稳定性。因此，工程中对挡土墙上部的土坡进行削坡，做成台阶状以利于边坡的稳定；施工中将基坑弃土、施工用材料及设备等临时荷载远离基坑堆放，以便减小作用于基坑支护结构上的土压力，也利于基坑边坡的稳定。此外，挡土墙后有地下水时，会增加外荷载，降低挡土墙的稳定性，因此，工程中常在挡土墙上设置排水孔，在挡土墙后设置排水盲沟来加强排水，降低地下水对挡土墙的影响，以增加挡土墙的稳定性。

三、淤地坝

淤地坝是指在水土流失地区各级沟道中，以拦泥淤地为目的而修建的坝工建筑物，其拦泥淤成的地叫坝地；在流域沟道中，用于淤地生产的坝叫淤地坝或生产坝。

（一）淤地坝的组成、分类与作用

1.淤地坝的组成

淤地坝由坝体、溢洪道、放水建筑物三个部分组成，坝体是横拦沟道的挡水拦泥建筑物，用以拦蓄洪水，淤积泥沙，抬高淤积面。溢洪道是排泄洪水建筑物，淤地坝洪水位超过设计高度时，就由溢洪道排出，以保证坝体的安全和坝地的正常生产。放水建筑物多采用竖井式和卧管式，沟道长流水、库内清水等通过放水设备排泄到下游。反滤排水设备是为了排除坝内地下水，防止坝地盐碱化，增加坝坡稳定性而设置的。

2.淤地坝的分类

淤地坝按筑坝材料，可分为土坝、石坝、土石混合坝、堆石坝、干砌石坝、浆砌石坝等；按坝地用途，可分为缓峰骨干坝、拦泥生产坝等；按施工方法，可分为夯碾坝、水力冲填坝、定向爆破坝等。

3.淤地坝的作用

淤地坝在拦截泥沙、蓄洪滞洪、减蚀固沟、增地增收、促进农村生产条件和改善生态环境等方面发挥了显著的生态效益、社会效益和经济效益。它的作用可归纳为以下五个方面：

第一，拦泥保土，减少入黄泥沙。

第二，淤地造田，提高粮食产量。

第三，防洪减灾，保护下游安全。

第四，合理利用水资源，解决人畜饮水问题。

第五，优化土地利用结构，促进退耕还林还草和农村经济发展。

（二）淤地坝的分级标准和设计洪水标准

淤地坝一般根据库容、坝高、淤地面积、控制流域面积等因素分级，参考水库分级标准，可分为大、中、小三级。

（三）淤地坝的坝址选择

坝址的选择在很大程度上取决于地形地质条件，但是如果单纯从地质条件好坏的观点出发去选择坝址是不够全面的。选择坝址必须结合工程枢纽布置、坝系整体规划、淹没情

况和经济条件等综合考虑。一个好的坝址必须满足拦洪或淤地效益大、工程量小和工程安全三个基本要求。在选定坝址时，要提出坝型建议。

坝址选择一般应考虑以下七点：

第一，坝址在地形上要求河谷狭窄、坝轴线短，库区宽阔容量大，沟底比较平缓。

第二，坝址附近应有宜于开挖溢洪道的地形和地质条件，最好有鞍形岩石山凹或红黏土山坡，还应注意到大坝分期加高时，放、泄水建筑物的布设位置。

第三，由于建筑材料的种类、储量、质量和分布情况会影响坝的类型和造价，因此，坝址附近应有良好的筑坝材料，取用容易，施工方便。

第四，坝址地质构造稳定，两岸无疏松的坍土、滑坡体，断面完整，岸坡不大于60°。坝基应有较好的均匀性，压缩性不宜过大。岩层要避开活断层和较大裂隙，尤其要避开有可能造成坝基滑动的软弱层。

第五，坝址应避开沟岔、弯道、泉眼，遇有跌水应选在跌水上方。坝扇不能有冲沟，以免洪水冲刷坝身。

第六，库区淹没损失要小，应尽量避免村庄、大片耕地、交通要道和矿井等被淹没。

第七，坝址还必须结合坝系规划统一考虑。有时单从坝址本身考虑比较优越，但从整体衔接、梯级开发上看不一定有利，这种情况需要注意。

（四）设计资料收集

1.地形资料

地形资料包括流域位置、面积、水系、所属行政区、地形特点。

第一，坝系平面布置图。在1∶10000的地形图上标出。

第二，库区地形图。一般采用1∶5000或1∶2000的地形图。等高线间距为2~5m，测至淹没范围10m以上。它可以用来计算淤地面积、库容和淹没范围，绘制高程与地面积曲线、库容和淹没范围。

第三，坝址地形图。一般采取1∶1000或1∶500的实测现状地形图，等高线间距为0.5~1m。测坝顶以上10m。用此图可规划坝体、溢洪道和泄水洞，估算大坝工程量，安排施工期土石场、施工导流、交通运输等。

第四，溢洪道、泄水洞等建筑物所在位置的纵横断面图。横断面图用1∶100~1∶200比例尺，纵断面图可用不同比例尺。这两种图可用来设计建筑物，估算挖填土石方量。

2.流域、库区和坝址地质及水文地质资料

第一，区域或流域地质平面图。

第二，坝址地质断面图。

第三，坝址地质结构、河床覆盖层厚度及物质组成、有无形成地下水库条件等。

第四，沟道地下水、泉溢出地段及其分布状况。

3.流域内河、沟水化学测验分析资料

流域内河、沟水化学测验分析资料包括离子总量、矿化度、总硬度及山川的变化规律，为预防坝地盐碱化提供资料。

4.水文气象资料

水文气象资料包括暴雨、洪水、径流、泥沙情况、气温变化和冻结深度等。

5.天然建筑材料的调查资料

天然建筑材料的调查包括土、沙、石、砂砾料的分布、结构性质和储量等。

6.社会经济调查资料

社会经济调查资料包括流域内人口、经济发展现状，土地利用现状，水土流失治理情况。

7.其他条件

其他条件包括交通运输、电力、施工机械、居民点、淹没损失、当地建筑材料的单价等。

（五）淤地坝坝高的确定

淤地坝除拦泥淤地外，还有防洪的要求，所以，淤地坝的库容由两部分组成：一部分为拦泥库容；另一部分为滞洪库容。而与这两部分库容相对应的坝高，即为拦泥坝高和滞洪坝高。另外，为了保证淤地坝工程和坝地生产的安全，还须增加一部分坝高，称为安全超高。因此，淤地坝的总坝高等于拦泥坝高、滞洪坝高及安全超高之和。

1.拦泥坝高的确定

设计时，首先，分析该坝的坝高–淤地面积–库容关系曲线，初步选定经济合理的拦泥坝高，由其关系曲线查得相应坝高的拦泥库容。其次，由初拟坝高加上滞洪坝高和安全超高的初估值，作为全坝高来估算其坝体的工程量。根据施工方法、工期和社会经济情况等，判断实现初选拦泥坝高的可能性。最后，由该坝所控流域内的年平均输沙量求得淤平年限。

2.滞洪坝高的确定

为了保证淤地坝工程安全和坝地的正常生产，必须修建防洪建筑物。由于防洪建筑物不可能修得很大，也不可能来多少洪水就排泄多少洪水，这在经济上是极不合理的，所以，在淤地坝中除有拦泥库容外，必须有一个滞洪库容，用以滞蓄由防洪建筑物暂时排泄不走的洪水。为此，须进行调洪演算。调洪演算的任务是根据设计洪水的大小，确定防洪建筑物的规模和尺寸，确定滞洪库容和相应的滞洪坝高。淤地坝的大坝设计、溢洪道设计、放水建筑物设计可参照前面讲的坝工建筑物相关内容进行设计。

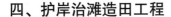

四、护岸治滩造田工程

各种类型的河段，在自然情况或受人工控制的条件下，由于水流与河床的相互作用，常造成河岸崩塌而改变河势，危及农田及城镇村庄的安全，破坏水利工程的正常运作，给国民经济带来不利影响。修筑护岸与治河工程的目的，就是抵抗水流冲刷，变水害为水利，为农业生产服务。

（一）护岸工程

1.护岸工程的目的及种类

防治山洪的护岸工程与一般平原、河流的护岸工程并不完全相同，主要区别在于横向侵蚀使沟岸崩坏后，由于山区较陡，还可能因下部沟岸崩坍而引起山崩，因此，护岸工程还必须起到防止山崩的作用。

2.护岸工程的设计原则

第一，在进行护岸工程设计之前，应对上下游沟道情况进行调查研究，分析在修建护岸工程之后，下游或对岸是否会发生新的冲刷，确保沟道安全。

第二，为避免水流冲毁基础，护岸工程应大致按地形设置，并力求形状没有急剧的弯曲。此外，还应注意将护岸工程的上游及下游部分与基岩、护基工程及已有的护岸工程连接，以免在护岸工程的上下游发生冲刷作用。

第三，护岸工程的设计高度，一方面，要保证山洪不致漫过护岸工程；另一方面，应考虑护岸工程的背后有无崩塌的可能。若有崩塌的可能，则应预留出堆积崩塌沙石的余地，即保证护岸工程距崩塌处有一定的距离并有足够的高度，如不能满足高度的要求，可沿岸坡修建向上成斜坡的横墙，以防背后侵蚀及坡面崩塌。

3.护脚工程

护脚工程的特点是常潜没于水中，时刻都受到水流的冲击和侵蚀作用。因此，在建筑材料和结构上要求具有抗御水流冲击和推移质磨损的能力，富有弹性，易于恢复和补充，以适应河床变形，耐水流侵蚀的性能好，以及便于水下施工。常用的护脚工程有抛石、沉枕、石笼等。

4.修筑护岸堤须注意的问题：

第一，基础要挖深，慎重处理，防止掏空；

第二，沟岸必须事先平整，达到规定坡度后再进行砌石；

第三，护岸片石必须全部丁砌，并垂直于坡面。

片石下面要设置适当厚度的垫层，随岸坡土质不同，垫层一般采用砂砾卵石或粗中砂卵石混合垫层组成，若岸坡土质与垫层材料相类似，则可设垫层。

（二）治滩造田工程

治滩造田就是通过工程措施，将河床缩窄、改道、裁弯取直，在治好的河滩上，用引洪放淤的办法，淤垫出能耕种的土地，以防止河道冲刷，变滩地为良田。

治滩造田是小流域综合治理的一个组成部分，而流域治理的情况又直接影响治滩造田工程的标准和效益，因此，治滩造田工程不能脱离流域治理规划单独进行。

1.治滩造田的类型

治滩造田的类型主要有束河造田、改河造田、裁弯造田、堵叉造田、箍洞造田。

2.整治线的规划

整治线是指河道经过整治以后在设计流量下的平面轮廓。它是布置整治建筑物的重要依据。因此，整治线规划设计得是否合理，往往决定工程量和工程效益的大小，甚至能决定工程的成败。

3.整治建筑物设计

在整治线确定之后，根据不同类型整治线的要求，可采用不同类型的整治建筑物，以保证整治线的实施。整治建筑物的类型很多，治滩造地工程中常用的有丁坝、顺河坝等。值得提出的是，修筑了某些治河造田工程以后，束窄了天然河道，改变了原来的水流状态，增大流速，一般能引起河床纵深方向的冲刷。因此，在修筑治河工程的同时，还应根据建筑物和河道的情况，设置护底工程。

4.河滩造田的方法

为了把治滩后造成的土地建成高产稳产的基本农田，必须做好滩地的园田化建设，其内容包括建设灌溉排水系统、营造防护林、平滩垫地、引洪漫淤造地、改良土壤等。

第二章 基础工程施工

地基基础工程施工作为建筑施工中的重要组成部分，对于建筑质量的稳定性及后续施工的安全性具有重要意义，如何加强建筑地基基础施工技术及提高地基基础施工质量成为广大建筑人员亟待解决的重要问题。

第一节 土方施工

一、土的分级和特性

对土方工程施工影响较大的因素有土的工程分级与特性。

（一）土的工程分级

土方施工的工程分级，按16级分类法，1~4级称为土，5~16级为岩石。岩石按强度系数不同，分为松软岩石、中等硬度岩石、坚硬岩石，强度越大，级别越高。土的级别不同，采用的施工方法便不同，施工成本也不同。

（二）土的工程特性

土的工程特性指标有土的表观密度、含水量、可松性、自然倾斜角等。土的工程特性对土方施工和组织具有重要影响，是选择施工方法、施工机具，确定施工劳动定额，分配施工任务，计量与计价要考虑的重要因素。

1. 表观密度

土壤表观密度，就是单位体积土壤的质量。土壤保持其天然组织、结构和含水量时的表观密度称为自然表观密度。单位体积湿土的质量称为湿表观密度。单位体积干土的质量称为干表观密度。表观密度是体现黏性土密实程度的指标，常用来控制压实的质量。

2. 含水量

含水量表示土壤空隙中含水的程度，常用土壤中水的质量与干土质量的百分比表示。含水量的大小直接影响黏性土压实质量。

3.可松性

可松性是自然状态下的土经开挖后因变松散而使体积增大的特性。土的可松性系数可用于计算土方量、进行土方填挖平衡计算和确定运输工具数量。

4.自然倾斜角

自然堆积土壤的表面与水平面间所形成的角度，称为土自然倾斜角。挖方与填方边坡的大小与土壤的自然倾斜角有关。确定土体开挖边坡和填土边坡应慎重考虑，重要的土方开挖应通过专门的设计和计算确定稳定边坡。

5.土粒与分类

根据土的颗粒级配，土可分为碎石类土、砂土和黏性土。按土的沉积年代，黏性土又可分为老黏性土、一般黏性土和新近沉积黏性土。按照土的颗粒大小分类，土粒又可分为块石、碎石、砂粒等。

6.土的松实关系

当自然状态的土挖后变松，再经过人工或机械碾压、振动后，土可被压实。在土方工程施工中，经常有三种土方，即自然方、松方、实体方，它们之间有着密切的关系。

7.土的体积关系

土体在自然状态下是由土粒、水和气体三相组成的。砾、卵石和爆破后的块碎石，由于它们的块度大或颗粒粗，可塑性远小于黏土，因而它们的压实方大于自然方。

二、土方开挖

土方开挖常用的方法有人工法和机械法，一般采用机械施工。用于土方开挖的机械有单斗式挖掘机、多斗式挖掘机、铲运机械及水力开挖机械。

（一）单斗式挖掘机

单斗式挖掘机是仅有一个铲斗的挖掘机械，由行走装置、动力装置和工作装置三部分组成。行走装置分为履带式、轮胎式和步行式三类。履带式是最常用的一种。它对地面的单位压力小，可在各种地面上行驶，但转移速度慢。动力装置分为电驱动式和内燃机驱动式两种。工作装置由铲土斗、斗柄、推压和提升装置组成。铲土斗按铲土方向和铲土原理，可分为正向铲、反向铲、拉铲和抓铲四种类型，用钢索或液压操纵。钢索操纵用于大型正向铲，液压操纵用于正向铲和反向铲较多。

1.正向铲挖掘机

正向铲挖掘机由推压和提升完成挖掘，开挖断面呈弧形，最适于挖停机面以上的土方，也能挖停机面以下的浅层土方。由于稳定性好，铲土能力大，可以挖各种土料及软岩进行装车。它的特点是循环式开挖，由挖掘、回转、卸土、返回构成一个工作循环，其生产率的大小取决于铲斗大小和循环时间长短。正铲的斗容从0.5m³至几十立方米不等，工程中常用的为1~4m³，基坑土方开挖常采用正面开挖，土料场及渠道土方开挖常用侧面开挖，还要考虑与运输工具的配合问题。

2.反向铲挖掘机

反向铲挖掘机能用来开挖停机面以下的土料，挖土时由远而近，就地卸土或装车，适用于中小型沟渠、清基、清淤等工作。由于稳定性及铲土能力均比正铲差，只用来挖一、二级土，硬土要先进行预松。

3.拉铲挖掘机

拉铲挖掘机的铲斗用钢索控制，利用臂杆回转将铲斗抛至较远距离，回拉牵引索，靠铲斗自身的重力铲削土壤后装满铲斗，然后回转装车或卸土。其挖掘半径、卸土半径、卸土高度较大，最适用于水下土砂及含水量大的土方开挖，在大型渠道、基坑及水下砂卵石开挖中应用广泛。开挖方式有沟端开挖和沟侧开挖两种，当开挖宽度和卸土半径较小时，用沟端开挖；开挖宽度大、卸土距离远时，用沟侧开挖。

4.抓铲挖掘机

抓铲挖掘机靠铲斗自由下落中斗瓣分开切入土中，抓取土料合瓣后提升，回转卸土。它适用于挖掘窄深型基坑或沉井中的水下淤泥，也可用于散粒材料装卸，在桥墩等柱坑开挖中应用较多。

（二）多斗式挖掘机

多斗式挖掘机是有多个铲土斗的挖掘机械，它能够连续地挖土，是一种连续工作的挖掘机械。按其工作方式不同，分为链斗式和斗轮式两种。

1.链斗式

链斗式挖掘机最常用的形式是采砂船。它是一种构造简单、生产率高、适用于规模较大的工程、可以挖河滩及水下砂砾料的多斗式挖掘机械。

2.斗轮式

斗轮式挖掘机的斗轮装在斗轮臂上，在斗轮上装有7~8个铲土斗。当斗轮转动时，下行至拐弯时挖土，上行运土至最高点时，土料靠自重和旋转惯性卸入受料皮带上，转送到运输工具或料堆上。其主要特点是斗轮转速较快，作业连续，斗臂倾角可以改变并做360°回转，生产率高，开挖范围大。

（三）铲运机械

铲运机械可同时完成开挖、运输和卸土任务，这种具有双重功能的机械常用的有推土机、铲运机、装载机等。

1.推土机

推土机是在履带式拖拉机上安装推土板等工作装置而成的一种铲运机械，是水利水电工程建设中最常用、最基本的机械，可用来完成场地平整、基坑与渠道开挖、推平填方、堆积土料、回填沟槽、清理场地等作业，还可以牵引振动碾、松土器、拖车等机械作业。它在推运作业中，距离不能超过100m，挖深不宜大于2m，填高小于3m。推土机按安装方式分为固定式和万能式，按操纵方式分为钢索和液压操纵，按行驶方式分为履带式和轮胎式。

固定式推土机的推土板仅能上下升降，强制切土能力差，但结构简单，应用广泛；而万能式推土机不仅能升降，还可左右、上下调整角度，用途多。履带式推土机附着力大，可以在不良地面上作业。液压式推土机可以强制切土，重量轻，构造简单，操作方便。推土机推土机推运土料采用前进推后退开行，为提高生产率，常采取下坡推土、沟槽推土、并列推土等方法。

2.铲运机

铲运机是一种能连续完成铲土、运土、卸土、铺土、平土等工序的综合性土方工程机械，能开挖黏土、砂砾石等。其生产率高、运转费用低，适用于开挖大型基坑、渠道、路基，以及大面积场地的平整、土料开采、填筑堤坝等。

铲运机按牵引方式分为自行式和拖式，按操纵方式分为钢索和液压操纵，按卸土方式分为自由卸土、强制卸土、半强制卸土，按行走装置分为履带式和轮胎式。自行式铲运机切土力较小，装满铲斗所需的切土长度较大，但行驶速度快，运距在800~15 000m时生产率较高；拖式铲运机切土力较大，所需切土长度较短，但行驶速度慢，运距在250~350m时生产率高。铲运机的生产率主要取决于铲斗容量及铲土、运土、卸土和回返的工作循环时间。为提高生产率，可采取下坡取土、硬土预松等来减小铲土阻力，缩短装土时间。选择合理的开行距线可缩短空程时间，又能减少对铲运机零部件的磨损。

3.装载机

装载机是一种挖土、装土和运土连续作业的机械设备，分轮胎式和履带式两种。轮胎式装载机行走灵活，运转快，效率高，适合于松土、轻质土、基坑清淤及无地下水影响的河渠开挖。挖出的土方可直接卸土、装车或外运，其运距以不超过150m为宜。

（四）水力开挖机械

水力开挖机械包括水枪开挖和吸泥船开挖。

1.水枪开挖

水枪开挖是利用水枪喷嘴射出的高速水流切割土体形成泥浆，然后输送到指定地点的开挖方法。水枪可在平面上回转360°，在立面上仰俯50°~60°，射程20~30m，切割分解形成泥浆后，沿输泥沟自流或由吸泥泵经管道输送至填筑地点。利用水枪开挖土料场、基坑可节约劳力和大型挖运机械，经济效益明显。水枪开挖适用于砂土、亚黏土和淤泥，可用于水力冲填筑坝。对于硬土，可先进行预松，提高水枪挖土的工效。

2.吸泥船开挖

即利用挖泥船下的绞刀将水下土方绞成泥浆，由泥浆泵吸起，经浮动输泥管运至岸上或运泥船。

三、土方运输

在土方施工中，土方运输的费用往往占土方工程总费用的60%~90%，因此，确定合理的运输方案，进行合理的运输布置，对于降低土方工程造价具有重要意义。土方运输的特点是：运输线路多是临时性的，变化比较大，几乎全是单向运输，运输距离比较短，运输量和运输强度较大。土方运输的类型有无轨运输、带式运输机运输、索道运输等。

（一）无轨运输

1.汽车运输

汽车运输具有操纵灵活、机动性大、能适应各种复杂地形的优点，但燃料较贵，运输费用较高，维修的要求也高。土方运输一般采用自卸汽车。随着土木工程的飞速发展，工程规模越来越大，大型自卸汽车采用得越来越多。良好的道路条件和及时的养护，对提高汽车的运输能力和延长车辆使用寿命有十分重要的意义。因此，在土方运输中必须重视道路的修建和养护。汽车路面有土路面、碎石路面、矿渣路面、混凝土路面和沥青路面。汽车运输线路的布置一般采用双线或环形两种，运输线路的布置及线路条数必须满足昼夜运输量的要求。

2.拖拉机运输

拖拉机运输是以拖拉机牵引拖车进行运输。拖拉机分履带式和轮胎式两种。履带式牵引力大，对道路要求低，对地面压强小，但行驶速度慢，适用于运距短、道路不良而汽车运行困难的情况。轮胎式拖拉机对于道路的要求与汽车相同，行驶速度较大，适用于运距较长的情况。

（二）带式运输机运输

带式运输机是一种连续式运输设备，生产率高，机身结构简单、轻便，造价低廉；可做水平运输，也可做斜坡运输，而且可以转任何方向；运输途中在任何地点都可卸料；适用于通过地形复杂、坡度较大和跨越沟壑的情况，特别适用于运输大量的粒状材料。带式运输机是由胶带、两端的鼓筒、拉紧装置、机架和喂料设备、卸料设备等部分组成。带式运输机按照能否移动，分为固定式和移动式两种。固定式带式运输机没有行走装置，多用

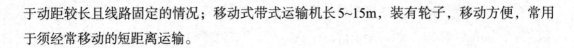
于动距较长且线路固定的情况；移动式带式运输机长5~15m，装有轮子，移动方便，常用于须经常移动的短距离运输。

（三）索道运输

索道运输是一种架空式运输。在地形崎岖复杂的地区，用支塔架立起空中索道，运料斗沿索道运送土料、砂石料、碎石等。特别是由高处向低处运送材料时，利用索道的自重下滑，不需要动力，更为经济。当用索道由低处向高处或水平运土时，则须由动力设备通过牵引索拖动。

四、土料压实

（一）土料压实基本理论

土是松散颗粒的集合体，其自身的稳定性主要取决于土料内摩擦力和黏结力。而土料的内摩擦力、凝聚力和抗渗性都与土的密实性有关，密实性越大，物理力学性能越好。

土料压实效果与土料的性质、颗粒组成与级配、含水量及压实功能有关。黏性土与非黏性土的压实有显著的差别。一般黏性土的黏结力较大，摩擦力较小，具有较大的压缩性，但由于它的透水性小，排水困难，压缩过程慢，所以很难达到固结压实。而非黏性土料正好相反，它的黏结力小，摩擦力大，具有较小的压缩性，但由于它的透水性大，排水容易，压缩过程快，能很快达到密实。

土料颗粒大小与组成也影响压实效果。颗粒越细，空隙比就越大，就越不容易压实。所以，黏性土压实干表观密度低于非黏性土压实干表观密度。颗粒不均匀的砂砾料比颗粒均匀的砂砾料达到的干表观密度要大一些。

含水量是影响黏土压实效果的重要因素之一。当压实功能一定时，黏土的干表观密度随含水量增加而增大，并达到最大值，此时的含水量为最优，大于此含水量后，干表观密会减小，因为此时土料逐渐饱和，外力被土料内自由水抵消。非黏性土料的透水性大，排水容易，不存在最优含水量，含水量不做专门控制。

压实性的大小，也影响着土料干表观密度的大小。压实性增加，干表观密度也随之增大，而最优含水量随之减少。这说明同一种土料的最优含水量和最大干表观密度，随压实性的改变而变化，这种特性对于含水量过低或过高的土料更为显著。

（二）土料压实方法与机械

压实方法按其作用原理分为碾压、夯击和振动三类。

碾压和夯击适用于各类土，振动法仅适用于砂性土。根据压实原理可制成各种机械，

常用的有平碾、肋形碾、羊脚碾、气胎碾、振动碾、蛙夯等。

1.羊脚碾

羊脚碾的滚筒表面设有交错排列的柱体，形若羊脚。碾压时，"羊脚"插入土料内部，使"羊脚"底部土料受到正压力，"羊脚"四周侧面土料受到挤压力，碾筒转动时，土料受到"羊脚"的揉搓力，从而使土料层均匀受压，压实层厚，层间结合好，压实度高，压实质量好，但仅适于黏性土。用于非黏性土压实时，由于土颗粒产生竖向及侧向移动，效果不好。

羊脚碾的压实方法，一种是逐圈压实，即先沿填土一侧开始，逐圈错距以螺旋形开行，逐渐移动进行压实，机械始终前进开行，生产率高，适用宽阔的工作面，并可多台羊脚碾同时工作，但拐弯处及错距交叉处会产生重压和漏压。另一种是进退错距压实，即沿直线前进后退压实，反复行驶，达到要求后错距，重复进行，这样压实质量好，遍数好控制，但后退操作不便，此法用于狭窄工作面。

2.气胎碾

气胎碾是利用充气轮胎作为碾子、由拖拉机牵引的一种碾压机械。这种碾子是一种柔性碾，碾压时碾和土料共同变形。胎面与土层表面的接触压力与碾重关系不大。增加碾重可以增加与土层的接触面积，从而增大压实影响深度，提高生产率。它既适用于黏性土的压实，也可以压实砂土、砂砾石、黏性土与非黏性土的结合带等。其与羊脚碾联合作业效果更佳，用羊脚碾收面，有利于层间结合；用羊脚碾碾压，用气胎碾收面，有利于防雨。

3.振动碾

振动碾是一种具有静压和振动双重功能的复合型压实机械。常见的类型是振动平碾，也有振动变形碾。它是由起振柴油机带动碾滚内的偏心轴旋转，通过连接碾面的隔板，将振动力传至碾滚表面，然后以压力波的形式传到土体内部。非黏性土的颗粒比较粗，在这种小振幅、高频率的振动力的作用下，摩擦力大大降低，由于颗粒不均匀，惯性力大小不同而产生相对位移，细粒滑入粗粒孔隙而使空隙体积减小，从而使土料达到密实。

由于振动力的作用，土中的应力可提高4~5倍，压实层达1m以上，有的高达2m，生产率很高。振动碾可以有效地压实堆石体、砂砾料和砾质土，也能压实黏性土，是土坝砂壳、堆石坝碾压必不可少的工具，应用非常广泛。

4.夯实机械

夯实机械利用冲击能来击实土料，分强夯机、挖掘机夯板等，既可用于夯实砂砾料，也可以用于夯实黏性土，适于在碾压机械难于施工的部位压实土料。

强夯机是一种发展很快的强力夯实机械。它由高架起重机和铸铁块或钢筋混凝土块做成的夯碇组成。夯碇的重量一般为10~40t，由起重机提升10~40m高后自由下落冲击土层，影响深度达4~5m，压实效果好，生产率高，用于杂土填方、软基及水下地层。

挖掘机夯板是一种用起重机械或正铲挖掘机改装而成的夯实机械。夯板一般做成圆形或方形，面积约1m²，重量为1~2t，提升高度为3~4m。主要优点是压实功能大，生产率高，有利于雨期、冬期施工。当石块直径大于50cm时，工效大大降低，压实黏土料时，表层容易发生剪力破坏，目前看有逐渐被振动碾取代之势。

蛙夯由电动机带动偏心块旋转，在离心力作用下带动夯头上下跳动而夯击土层。夯击作业时，各夯之间要套压，一般适用于施工场地狭窄、碾压机械难以施工的部位。

（三）压实机械的选择

选择压实机械主要考虑以下原则：

第一，适应筑坝材料的特性。黏性土优先采用气胎碾、羊脚碾，砾质土宜用气胎碾、夯板，堆石与含有特大粒径的砂卵石宜用振动碾。

第二，应与土料含水量、原状土的结构状态和设计压实标准相适应。对含水量高于最优含水量1%~2%的土料，宜用气胎碾压实；当重黏土的含水量低于最优含水量，原状土天然密度高并接近设计标准时，宜用重型羊脚碾、夯板；当含水量很高且要求压实标准较低时，黏性土也可选用轻型肋形碾、平碾。

第三，应与施工强度大小、工作面宽窄和施工季节相适应。气胎碾、振动碾适用于生产要求强度高和抢时间的雨期作业；夯击机械宜用于坝体与岸坡或刚性建筑物的接触带、边角和沟槽等狭窄地带。冬期作业应选择大功率、高效能的机械。

第四，应与施工单位现有机械设备情况和常用某种设备的经验相适应。

第五，总结和评定施工任务，并对出现的问题做出分析并提出解决方法。

第二节　软基与岩基处理

一、软基开挖与处理

（一）软基开挖

1.淤泥

淤泥的特点是颗粒细、水分多、人无法立足，应视情况不同分别采取措施。

稀淤泥的特点是含水量高、流动性大、此挖彼来、装筐易漏。当稀淤泥较薄、面积较小时，可将干砂倒入，进占挤淤，形成土埂，可在土坡上进行挖运作业；如面积大，要同时填筑多条土埂，分区治理，以防乱流；若淤泥深度大、面积广，可将稀泥分区围埋，分别排入附近挖好的深坑内。

烂淤泥的特点是淤泥层较厚、含水量较小、黏稠、锹插难拔、粘锹不易脱离。为避免粘锹，挖前先将锹蘸水，也可用三股钗或五股钗代替铁锹。为解决立足问题，采取一点突破，此法自坑边沿起，集中力量突破一点，一直挖到硬土上，再向四周扩展；或者采用苇排铺路法，即将芦席扎成捆枕，每三枕用桩连成苇排，铺在烂泥上，人在苇排上挖运。

夹砂淤泥的特点是淤泥中有一层或几层夹砂层。如果淤泥厚度较大，可采用上述方法挖除；如果淤泥层很薄，先将砂面晾干，能站人时，方可进行，开挖时连同下层淤泥一同挖除，露出新砂面。切勿将夹砂层挖混，造成开挖困难。

2. 流砂

采用明式排水开挖基坑时，由于形成了较大的水力坡降，造成渗流挟带细砂从坑底上冒，或在边坡上形成管涌、流土等现象，即为流砂。流砂现象一般发生在非黏性土中，主要与砂土的含水量、孔隙率、黏粒含量和动水压力的水力坡度有关，在细砂、中砂中常发生，也可能在粗砂中发生。治理流砂主要是解决好"排"与"封"的问题："排"即及时将流砂层中的水排出，降低含水量和水力坡度；"封"即将开挖区的流砂封闭起来。若坑底翻砂冒水，可在较低的位置挖沉砂坑，将竹筐或柳条筐沉入坑底，水进筐内而砂被阻于其外，然后将筐内水排走。对于坡面流砂，当土质允许，流砂层又较薄时，可采用开挖方法，一般放坡为1∶4~1∶8，但这要扩大开挖面积，增加工程量。

当挖深不大、面积较小时，可以采取护面措施。做法如下：

（1）砂石护面

在坡面上先铺一层粗砂，再铺一层小石子，各层厚5~8cm，形成反滤层。坡脚挖排水沟，做同样的反滤层，既防止渗水流出时挟带泥沙，又防止坡面径流冲刷。

（2）柴枕护面

在坡面上铺设爬坡式柴枕，坡脚设排水沟，沟底及两侧均铺柴枕，以起到滤水拦砂的作用。一定距离打桩加固，可防止柴枕下坍移动。当基坑坡面较长、基坑挖深较大时，可采用柴枕拦砂法处理。其做法是：在坡面渗水范围的下侧打入木桩，桩内叠铺柴枕。

3. 泉眼治理

泉眼产生的原因是基坑排水不畅，致使地下水从局部穿透薄弱土层，流出地面，或地基深层的承压水被击穿。发生的地点一般在地质钻孔处。若泉眼流出的水为清水，只需将流水引向集水井，排出基坑外；若泉眼流出的是浑水，则抛铺粗砂和石子各一层，经过滤变为清水流出，再引向集水井，排出基坑外；若泉眼位于建筑物底部，先在泉眼上铺设砂石反滤层，用插入的铁管将泉水引出混凝土之外，浇筑混凝土，最后用较干的水泥砂浆将排水管堵塞。

（二）软土地基处理

软土地基承载力小，沉陷量大。按其原理不同，处理方法可分为挖除置换法、强夯法、砂井预压法、深孔爆破加密法、混凝土灌注桩法、振动水冲法、旋喷法等七种类型。

1.挖除置换法

当地基软弱层厚度不大时，可全部挖除，并换以砂土、黏土、壤土或砂壤土等回填夯实，回填时应分层夯实，严格掌握压实质量。这种方法用于软土层在2~3m以内时较为经济。

2.强夯法

当地基软土层厚度不大时，可以不开挖，而采用强夯法处理。强夯法采用履带式起重机，配缓冲装置、自动脱钩器、夯锤等配件。其锤重10t，落距10m。强夯法可以省去大挖大填，有效深度可达4~5m。

3.砂井预压法

砂井预压法又称为排水固结法，为了提高软土地基的承载能力，可采用砂井预压法。砂井直径一般为20~30cm，井距采用6~10倍井径，常用范围为2~4m。

井深主要取决于土层情况。当软土层较薄时，砂井宜贯穿软土层；当软土层较厚且夹有砂层时，一般可设在砂层上；软土层较厚又无砂层时，或软土层下有承压水时，则不应打穿。一般砂井深度以10~20m为宜。

砂井顶部应设排水砂垫层，以连通各砂井并引出井中渗水。当砂井工程结束后，即开始堆积荷载预压。预压荷载一般为设计荷载的1.2~1.5倍，但不得超过当时的土基承载能力。

4.深孔爆破加密法

深孔爆破加密法就是利用人工进行深层爆破，使饱和松砂液化，颗粒重新排列组合成为结构紧密、强度较高的砂。施工时，在砂层中钻孔埋设炸药，其孔深一般采用处理层深的2/3，炮孔间距与爆破顺序宜通过现场试验确定，用药量以不致使地面冲开为度。此法适用于处理松散饱和的砂土地基。

5.混凝土灌注桩法

软土地基承载能力小时，可采用混凝土灌注桩支承上部结构的荷载。混凝土灌注桩是在现场造孔达到设计深度后在孔内浇筑混凝土而成的桩，因此，它具有桩柱直径大、承载力强，且可根据桩身内力大小配筋以节约钢材等优点。但该法可能产生缩颈、断桩、夹土和混凝土离析等事故，应设法防止。

6.振动水冲法

振动水冲法是用一种类似插入式混凝土振捣器的振冲器在土层中振冲造孔，并以碎石或砂砾填成碎石或砂砾桩，达到加固地基效果的一种方法。这种方法不仅适用于松砂地基，也可用于黏性土地基，因碎石桩承担了大部分传递荷载，同时又改善了地基排水条件，加速了地基的固结，提高了地基的承载能力。一般碎石桩的直径为0.6~1.1m，采用此法时必须有充足的水源。

7.旋喷法

旋喷法是利用旋喷机具造成旋喷桩以提高地基的承载能力，也可以做联锁桩施工或定向喷射成连续墙，用于地基防渗。旋喷法适用于砂土、黏性土、淤泥等地基的加固，对砂卵石的防渗也有较好的效果。

旋喷法的一般施工程序为：孔位定点并埋设孔口管→钻机就位→钻孔至设计深度→旋喷高压浆液或高压水气流与浆体，同时提升旋喷管，直至桩顶高程→向桩中空穴进行低压注浆，起拔孔口管→转入下一孔位施工。

钻孔可以采用旋转、射水、振动或锤击等多种方法进行。旋喷管可以随钻头一次钻到设计孔深，接着自下而上进行旋喷，也可先行钻孔，终孔后下入旋喷管。

喷射方法有单管法、二重管法和三重管法。

（1）单管法

喷射水泥浆液或化学浆液，主要施工机具有高压泥浆泵、钻机、单旋喷管，成桩直径为0.3~0.8m。

（2）二重管法

高压水泥浆液与压缩空气同轴喷射。主要施工机具有高压泥浆泵、钻机、空压机、二重旋喷管，成桩直径介于单管法和三重管法之间。

（3）三重管法

高压水、压缩空气和水泥浆液同轴喷射。主要施工机具有高压水泵、钻机、空压机、泥浆泵、三重旋喷管，成桩直径为1.0~2.0m。

旋喷法为高压施工，施工时应注意以下事项：

①管路的旋转活接头和喷嘴等必须拧紧，做到安全密封；高压水泥浆液、高压水和压缩空气各管路系统均应不堵、不漏、不串。设备系统安装后，必须经过运行试验。

②旋喷管进入预定深度后，应先进行试喷，待达到预定压力、流量后，再提升旋喷。如中途发生故障，应立即停止提升和旋喷，以防止桩体中断。

③旋喷结束后要进行压力注浆，以补填桩柱凝结收缩后产生的顶部空穴。

④旋喷水泥浆液必须严格过滤，防止水泥结块和杂物堵塞喷嘴及管路。

二、岩基开挖与处理

（一）岩基开挖

岩基开挖就是按照设计要求，将风化、破碎和有缺陷的岩层挖除，使水工建筑物建在完整坚实的岩石面上。开挖的工程量往往很大，从几万立方米到几十万立方米，甚至上千万立方米，需要投入大量的人力、资金和设备，占用很长的工期。因此，选择合理的开挖方法和措施，保证开挖的质量，加快开挖的速度，确保施工的安全，对于加快整个工程的建设具有重要的意义。

1.开挖前的准备工作

①熟悉基本资料：详细分析坝址区的工程地质和水文地质资料，了解岩性，掌握各种地质缺陷的分布及发育情况。

②明确水工建筑物设计对地基的具体要求。

③熟悉工程的施工条件和施工技术水平及装备力量。

④业主、地质、设计、监理等人员共同研究，确定适宜的地基开挖范围、深度和形态。

2.坝基开挖注意事项

坝基开挖是一个重要的施工环节，为保证开挖的质量、进度和安全，应解决好以下四个方面的问题：

①做好基坑排水工作。在围堰闭气后，立即排除基坑积水及围堰渗水，布置好排水系统，配备足够的排水设备，边开挖基坑边排水，降低和控制水位，确保开挖工作不受水的干扰。

②合理安排开挖程序。由于受地形、时间和空间的限制，水工建筑物基坑开挖一般比较集中，工种多，安全问题比较突出。因此，基坑开挖的程序应本着自上而下、先岸坡后河槽的原则。如果河床很宽，也可考虑部分河床和岸坡平行作业，但应采取有效的安全措施。无论是河床还是岸坡，都要由上而下、分层开挖、逐步下降。

③选定合理的开挖范围和形态。基坑开挖范围主要取决于水工建筑物的平面轮廓，此外，还要满足机械的运行、道路的布置、施工排水、立模与支撑的要求。范围一般从几米到十几米不等，视实际情况而定。开挖以后的基岩面要求尽量平整，并尽可能略向上游倾斜，高差不宜太大，以利于水工建筑物的稳定。要避免基岩有尖突部分和应力集中。

④正确选择开挖方法，保证开挖质量。岩基开挖的主要方法是钻孔爆破法，应采用分层梯段松动爆破；边坡轮廓面开挖，应采用预裂爆破或光面爆破；紧临水平建基面，应预

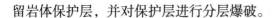

留岩体保护层，并对保护层进行分层爆破。

开挖偏差的要求为：对节理裂隙不发育、较发育、发育和坚硬、中硬的岩体，水平建基面高程的开挖偏差不应大于±20cm；设计边坡轮廓面的开挖偏差，在一次钻孔深度条件下开挖时，不应大于其开挖高度的±2%；在分台阶开挖时，其最下部一个台阶坡脚位置的偏差，以及整体边坡的平均坡度，均应符合设计要求。

保护层的开挖是控制基岩质量的关键，其要点是：分层开挖，梯段爆破，控制一次起爆药量，控制爆破震动影响。对于建基面1.5m以上的一层岩石，应采用梯段爆破，炮孔装药直径不应大于40mm，手风钻钻孔，一次起爆药量控制在300kg以内；保护层上层开挖，采用梯段爆破，控制药量和装药直径；中层开挖控制装药直径小于32mm，采用单孔起爆；距建基面0.2m以内的岩石，应进行撬挖。

边坡预裂爆破或光面爆破的效果应符合以下要求：在开挖轮廓面上，残留炮孔痕迹应均匀分布，对于节理裂隙不发育的岩体，炮孔痕迹保存率应达到80%以上；对节理裂隙较发育和发育的岩体，应达到50%~80%；对节理裂隙极发育的岩体，应达到10%~50%；相邻炮孔间岩面的不平整度不应大于15cm；预裂炮孔和梯段炮孔在同一个爆破网络中时，预裂孔先于梯段孔起爆的时间不得小于75ms。

（二）岩基处理

对于表层岩石存在的缺陷，宜采用爆破开挖处理。当基岩在较深的范围内存在风化、节理裂隙、破碎带及软弱夹层等地质问题时，开挖处理不仅困难，而且费用太高，须采取专门的处理措施。

1.断层破碎带处理

断层是岩石或岩层受力发生断裂并向两侧产生显著位移，常常出现破碎发育岩体，形成断层破碎带，长度和深度较大，强度、承载能力和抗渗性不能满足设计要求，必须进行处理。

对于宽度较小的表层断层破碎带，采用明挖换基方法，将破碎带一定深度两侧的破碎风化的岩石清除，回填混凝土，形成混凝土塞。

对于埋深较大且为陡倾角断层破碎带，在断层出露处回填混凝土，形成混凝土塞；必要时可沿破碎带开挖斜井和平洞，回填混凝土，与断层相交一定长度，组成抗滑塞群，并有防渗帷幕穿过，组成混合结构。

2.软弱夹层处理

软弱夹层是指基岩出现层面之间强度较低、已泥化或遇水容易泥化的夹层，尤其是缓倾角软弱夹层，处理不当会对坝体稳定性产生严重影响。

对于陡倾角软弱夹层，如果没有与上下游河水相通，可在断层入口进行开挖，回填混凝土，提高地基的承载力；如果夹层与库水相通，除对坝基范围内的夹层进行开挖回填混凝土外，还要对夹层入渗部位进行封闭处理；对于坝肩部位的陡倾角软弱夹层，主要是防止不稳定岩石塌滑，进行必要的锚固处理。

对于缓倾角软弱夹层，如果埋藏不深，开挖量不是很大，最好的办法是彻底挖除；若夹层埋藏较深，当夹层上部有足够的支撑岩体能维持基岩稳定时，可只对上游夹层进行挖除，回填混凝土，进行封闭处理。

3.岩溶处理

岩溶是可溶性岩层长期受地表水或地下水溶蚀作用产生的溶洞、溶槽、暗沟、暗河、溶泉等现象。这些地质缺陷削弱了地基承载力，形成了漏水通道，危及水工建筑物的正常运行。由于岩溶情况比较复杂，应查清情况，分别处理。对于坝基表层或埋藏较浅的溶槽等，进行开挖、清除冲洗后，用混凝土塞填；对于大裂隙破碎岩溶地段，采取群孔水气冲洗，高压灌浆；对于有松散物质的大型溶洞，可对洞内进行高压旋喷灌浆，使充填物与浆液混合胶固，形成若干个旋喷桩，连成整体后，可有效提高承载力和抗渗性。

4.岩基锚固

对于缓倾角软弱夹层，当分布较浅、层数较多时，可设置钢筋混凝土桩和预应力锚索进行加固。在坝基范围内，沿夹层自上而下钻孔或开挖竖井，穿过几层夹层，浇筑钢筋混凝土，形成抗剪桩。在一些工程中采用预应力锚固技术，加固软弱夹层，效果明显。其形式有锚筋和锚索，可对局部及大面积地基进行加固。

第三节　固结灌浆

固结灌浆是对水工建筑物基础浅层破碎、多裂隙的岩石进行灌浆处理，改善其力学性能，提高岩石弹性模量和抗压强度。它是一种比较常用的基础处理方法，在水利水电工程施工中应用广泛。

固结灌浆的范围主要根据大坝基础的地质条件、岩石破碎情况、坝型和基础岩石应力条件而定。对于重力坝，基础岩石较好时，一般仅在坝基内的上游和下游应力大的地区进行固结灌浆；在坝基岩石普遍较差而坝又较高的情况下，则多进行坝基全面的固结灌浆。有的工程甚至在坝基以外的一定范围内也进行固结灌浆。

一、主要技术要求

固结灌浆孔可采用风钻或其他类型钻机造孔，孔位、孔向和孔深均应满足设计要求。

固结灌浆应按分序、加密的原则进行，一般分为两个次序，地质条件不良地段可分为三个次序。固结灌浆宜采用单孔灌浆的方法，但在注入量较小的地段，可并联灌浆，孔数宜为两个，孔位宜保持对称。固结灌浆孔基岩段长小于6m时，可全孔一次灌浆。当地质条件不良或有特殊要求时，可分段灌浆。钻孔相互串浆时，可采用群孔并联灌注，孔数不宜多于三个。应控制压力，防止混凝土面或岩石面抬动。压水试验检查宜在该部位灌浆结束3~7d后进行。检查孔的数量不宜少于灌浆总孔数的5%，孔段合格率应在80%以上。岩体弹性波速和静弹性模量测试，应分别在该部位灌浆结束14d和28d后进行。其孔位的布置、测试仪器的确定、测试方法、合格批标及工程合格标准，均应按照设计规定执行。灌浆孔灌浆和检查孔检查结束后，应排除孔内积水和污物，采用压力灌浆法或机械压浆法进行封孔，并将孔口抹平。

二、灌浆施工工艺

（一）钻孔的布置

对于无混凝土盖重固结灌浆，钻孔的布置有规则布孔和随机布孔两组，规则布孔形式有梅花形和方格形两种。

对于有混凝土盖重固结灌浆，钻孔按方格形和六角形布置。

固结灌浆孔的特点为"面、群、浅"，即固结灌浆面状布孔，群孔施工，孔深较浅。

（二）固结灌浆钻孔

钻孔方法要考虑孔深情况。固结灌浆孔的深度一般是根据地质条件、大坝的情况，以及基础应力的分布等多种条件综合考虑而定的。固结灌浆孔依据深度的不同，可分为浅孔固结灌浆、中深孔固结灌浆、深孔固结灌浆三类。

浅孔固结灌浆：是为了普遍加固表层岩石，固结灌浆面积大、范围广。孔深多为5m左右。可采用风钻钻孔，全孔采用一次灌浆法灌浆。

中深孔固结灌浆：是为了加固基础较深处的软弱破碎带，以及基础岩石承受荷载较大的部位。孔深5~15m，可采用大型风钻或其他钻孔方法，孔径多为50~65mm。灌浆方法可视具体地质条件采用全孔一次灌浆或分段灌浆。

深孔固结灌浆：在基础岩石深处有破碎带或软弱夹层，裂隙密集且深，而坝又比较高，基础应力也较大的情况下，常需要进行深孔固结灌浆。孔深在15m以上。常用钻机进行钻孔，孔径多为75~91mm，采用分段灌浆法灌浆。

（三）钻孔冲洗及压水试验

钻孔冲洗。固结灌浆施工，钻孔冲洗十分重要，特别是在地质条件较差、岩石破碎、含有泥质充填物的地带，更应重视这一工作。冲洗的方法有单孔冲洗和群孔冲洗两种。固结灌浆孔应采用压力水进行裂隙冲洗，直至回水清净时为止，冲洗压力可为灌浆压力的80%。地质条件复杂、多孔串通及设计对裂隙冲洗有特殊要求时，冲洗方法宜通过现场灌浆试验或由设计确定。

压水试验。固结灌浆孔灌浆前的压水试验应在裂隙冲洗后进行，试验孔数不宜少于总孔数的5%，选用一个压力阶段，压力值可采用该灌浆段灌浆压力的80%。压水的同时，要注意观测岩石的抬动和岩面集中漏水情况，以便在灌浆时调整灌浆压力和浆液浓度。

（四）灌浆施工

1.施工时间及次序

固结灌浆工程量较大，是筑坝施工中一个必要的工序。固结灌浆施工最好是在基础岩石表面浇筑有混凝土盖板或有一定厚度的混凝土，且已达到其设计强度的80%后进行。

固结灌浆施工的特点是"围、挤、压"，就是先将灌浆区圈围住，再在中间插孔灌浆挤密，最后逐序压实，这样易于保证灌浆质量。固结灌浆的施工次序必须遵循逐渐加密的原则。先钻灌第一次序孔，再钻灌第二次序孔，以此类推。这样可以随着各次序孔的施工，及时地检查灌浆效果。

2.施工方法

固结灌浆施工以一台灌浆机灌一个孔为宜。必要时可以考虑将几个吸浆量小的灌浆孔并联灌浆，严禁串联灌浆，并联灌浆的孔数不宜多于四个。

固结灌浆宜采用循环灌浆法，可根据孔深及岩石完整情况采用一次灌浆法或分段灌浆法。

3.灌浆压力

灌浆压力直接影响灌浆效果，在可能的情况下，宜采用较大的压力。但浅孔固结灌浆受地层条件及混凝土盖板强度的限制，往往灌浆压力较低。

对浅孔固结灌浆压力而言，在坝体混凝土浇筑前灌浆时，可采用0.2~0.5MPa；浇筑1.5~3m厚的混凝土后再灌浆时，可采用0.3~0.7MPa。在地质条件差或软弱岩石地区，还可根据具体情况适当降低灌浆压力。深孔固结灌浆时，各孔段的灌浆压力值可参考帷幕灌浆孔选定压力的方法来确定。固结灌浆过程中，要严格控制灌浆压力。循环式灌浆法是通过调节回浆流量来控制灌浆压力的，纯压式灌浆法则是直接调节压入流量。当吸浆量较小

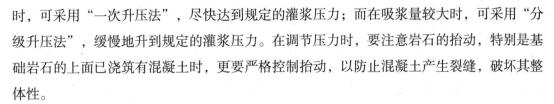

时，可采用"一次升压法"，尽快达到规定的灌浆压力；而在吸浆量较大时，可采用"分级升压法"，缓慢地升到规定的灌浆压力。在调节压力时，要注意岩石的抬动，特别是基础岩石的上面已浇筑有混凝土时，更要严格控制抬动，以防止混凝土产生裂缝，破坏其整体性。

4. 浆液浓度变换

灌浆开始时，一般采用稀浆开始灌注，根据单位吸浆量的变化，逐渐加浓。固结灌浆液浓度的变换比帷幕灌浆简单一些。灌浆开始后，尽快将压力升高到规定值。在单位吸浆量很大、压力升不上去的情况下，也应采用限制进浆量的办法。

5. 效果检查

固结灌浆完成后，应当进行灌浆质量和固结效果检查，检查方法和标准应视工程的具体情况和灌浆的目的而定。经检查，不符合要求的地段，根据实地情况，认为有必要时，须加密钻孔，补行灌浆。

（1）压水试验检查。灌浆结束3~7d后，施工人员应钻进检查孔，进行压水试验检查。采用单点法进行简易压水。当灌浆压力为1~3MPa时，压水试验压力采用1MPa；当灌浆压力小于或等于1MPa时，压水试验压力为灌浆压力的80%。压水检查后，应按规定进行封孔。固结灌浆孔封孔应采用机械压浆封孔法或压力灌浆封孔法。

（2）测试孔检查。弹性波速检查、静弹性模量检查应分别在灌浆结束后14d、28d后进行。

（3）抽样检查。宜对灌浆孔与检查孔的封孔质量进行抽样检查。

（4）钻孔取岩心，观察水泥结石充填及胶结情况。根据需要，也可对岩心进行必要的物理力学性能试验。

三、帷幕灌浆

对于透水性强的基岩，采用灌浆帷幕的防渗效果显著。根据多年实践经验，在透水性较强地段，防渗帷幕常能使坝基幕后扬压力降低到 $0.5H$（H 为水头）左右；先通过灌浆帷幕将基础岩石渗漏减少到一定程度后，再做排水，这样对基岩的防渗和稳定最为有效；若再采取抽排措施，扬压力将会更小。

（一）钻孔

帷幕灌浆孔呈"线、单、深"特征，即指帷幕灌浆线状布孔、单孔施工、孔深较深。帷幕灌浆孔宜采用回转式钻机和金刚石钻头钻进，钻孔位置与设计位置的偏差不得大于1%。因故变更孔位时，应征得设计部门同意。孔深应符合设计规定，帷幕灌浆孔宜选用较小的孔径，钻孔孔径上下均匀、孔壁平直完整；必须保证孔向准确；帷幕灌浆孔应进行孔斜测量，发现偏斜超过要求，应及时纠正或采取补救措施。

钻孔遇有洞穴、塌孔或掉钻而难以钻进时，可先进行灌浆处理，然后继续钻进。若发现集中漏水，应查明漏水部位、漏水量和漏水原因，经处理后，再行钻进。钻进结束等待灌浆或灌浆结束等待钻进时，孔口均应堵盖，妥善保护。

钻进施工应注意如下事项：

①按照设计要求定好孔位，孔位的偏差一般不宜大于10cm，当遇到难以依照设计要求布置孔位的情况时，应及时与有关部门联系，如允许变更孔位，则应依照新的通知重新布置孔位。在钻孔原始记录中一定要注明新钻孔的孔号和位置，以便分析查用。

②钻进时，要严格按照规定的方向钻进，并采取一切措施保证钻孔方向正确。

③孔径力求均匀，不要忽大忽小，以免灌浆或压水时栓塞不严，漏水返浆，造成施工困难。

④在各钻孔中，均要计算岩心采取率。在检查孔中，更要注意岩心采取率，并观察岩心裂隙中有无水泥结石及其填充和胶结的情况如何，以便逐序反映灌浆质量和效果。

⑤检查孔的岩心一般应予保留。保留时间长短由设计单位确定，一般时间不宜过长。灌浆孔的岩心一般在描述后再行处理，是否要有选择性地保留，应在灌浆技术要求文件中加以说明。

⑥凡未灌完的孔，在不工作时，一定要把孔顶盖住并保护，以免掉入物件。

⑦应准确、详细、清楚地填好钻孔记录。

（二）钻孔冲洗

1.洗孔

灌浆孔在灌浆前应进行钻孔冲洗，孔内沉积厚度不得超过20cm。帷幕灌浆孔在灌浆前宜采用压力水进行裂隙冲洗，直至回水清净时为止。洗孔的目的是将残存在孔底的岩粉和黏附在孔壁上的岩粉、铁砂碎屑等杂质冲出孔外，以免堵塞裂隙的通道口而影响灌浆质量。钻孔钻到预定的段深并取出岩心后，将钻具下到孔底，用大流量水进行冲洗，直至回水变清，孔内残存杂质沉淀厚度不超过10~20cm时，结束洗孔。

2.冲洗

冲洗的目的是用压力水将岩石裂隙或空洞中所充填的松软、风化的泥质充填物冲到孔外，冲洗时应将充填物推移到需要灌浆处理的范围外，这样裂隙被冲洗干净后，利于浆液流进裂隙并与裂隙接触面胶结，起到防渗和固结作用。使用压力水冲洗时，在钻孔内一定深度需要放置灌浆塞。冲洗有单孔冲洗和群孔冲洗两种方式。

（1）单孔冲洗

单孔冲洗仅能冲净钻孔本身和钻孔周围较小范围内裂隙中的充填物，适用于较完整

的、裂隙发育程度较轻、充填物情况不严重的岩层。

单孔冲洗有以下四种方法：

①高压水冲洗。整个过程在大的压力下进行，以便将裂隙中的充填物向远处推移或压实，但要防止岩层抬动变形。如果渗漏量大，升不起压力，就尽量增大流量，加大流速，增强水流冲刷能力，使之能挟带充填物走得远些。

②高压脉冲冲洗。首先用高压冲洗，压力为灌浆压力的80%~100%，在连续冲洗5~10min后，孔口压力迅速降到0，形成反向脉冲流，将裂隙中的碎屑带出，回水浑浊。当回水变清后，升压用高压冲洗，如此一升一降，反复冲洗，直至回水洁净后，延续10~20min为止。

③扬水冲洗。将管子下到孔底，上接风管，通入压缩空气，使孔内的水和空气混合，由于混合水体的密度小，孔内的水向上喷出孔外，孔内的碎屑随之喷出孔外。

（2）群孔冲洗

群孔冲洗是把两个以上的孔组成一组进行冲洗，可以把组内各钻孔之间岩石裂隙中的充填物清除出孔外。群孔冲洗主要是使用压缩空气和压力水。冲洗时，轮换着向某一个或几个孔内压入气、压力水或气水混合体，使之由另一个孔或另几个孔出水，直到各孔喷出的水是清水后停止。

（三）压水试验

压水试验应在裂隙冲洗后进行。简易压水试验可在裂隙冲洗后或结合裂隙冲洗进行。压力可为灌浆压力的80%，该值若大于1MPa，则采用1MPa。压水20min，每5min测读一次压入流量，取最后的流量值作为计算流量，其成果以透水率表示。帷幕灌浆采用自下而上分段灌浆法时，先导孔仍应自上而下分段进行压水试验。各次序灌浆孔在灌浆前全孔应进行一次钻孔冲洗和裂隙冲洗。除孔底段外，各灌浆段在灌浆前可不进行裂隙冲洗和简易压水试验。

（四）灌浆施工

1.灌浆方法的选择

按浆液灌注流动方式的不同，分为纯压式和循环式。纯压式灌浆的浆液全扩散到岩石的裂隙中去，不再返回灌浆桶，适用于裂隙发育而渗透性大的孔段；循环式灌浆的浆液在压力作用下进入孔段，一部分进入裂隙扩散，余下的浆液经回浆管路流回到浆液搅拌筒中去。循环式灌浆使浆液在孔段中始终保持流动状态，减少浆液中颗粒沉淀，灌浆质量高，国内外大坝岩石地基的灌浆工程大多采用此法。

按灌浆孔中灌浆程序的不同，分为一次灌浆和分段灌浆。一次灌浆用在灌浆深度不大、孔内岩性基本不变、裂隙不大而岩层又比较坚固的情况下，可将孔一次钻完，全孔段一次灌浆。分段灌浆用在灌浆孔深度较大、孔内岩性有一定变化而裂隙又大时，因为裂隙性质不同的岩层须用不同浓度的浆液进行灌浆，而且所用的压力也不同。此外，裂隙大则吸浆量大，灌浆泵不易达到冲洗和灌浆所需的压力，从而不能保证灌浆质量。在这种情况下，可将灌浆划分为几段，分别采用自下而上或自上而下的方法进行灌浆。灌浆段长度一般保持在5m左右。

自下而上分段灌浆的灌浆孔，可一次钻到设计深度。用灌浆塞按规定段长由下而上依次塞孔、灌浆，直到孔口。此法允许上段灌浆紧接在下段灌浆结束时进行，这样可不用搬动灌浆设备，比较方便。

自上而下分段灌浆法的灌浆孔在钻到第一孔段深度后即进行该段的冲洗、压水试验和灌浆工作。经过规定待凝时间后，再钻开孔内水泥结石，继续向下钻第二孔段，进行第二孔段的冲洗、压水试验和灌浆工作。如此反复，直至设计深度。此法的缺点是钻机需多次移动，每次钻孔要多钻一段水泥结石，同时必须等上一段水泥浆凝固后方能进行下一段的工作。其优点是：第二孔段以下各段灌浆时可避免沿裂隙冒浆；不会出现堵塞事故；上部岩石经灌浆提高了强度，下段灌浆压力可逐步加大，从而扩大灌浆有效半径，进一步保证了质量。此外，也可避免孔壁坍塌事故。如果地表岩层比较破碎，下部岩层比较完整，可在一个孔位将上述两种方法混合使用，即上部自上而下、下部自下而上进行灌浆。

2.灌浆材料的选择和浆液浓度的控制

岩石地基的灌浆一般采用水泥灌浆。水泥品种的选择及其质量要求如下：对无侵蚀性地下水的岩层，多选用普通硅酸盐水泥；如遇有侵蚀性地下水的岩层，以采用抗硫酸盐水泥或为宜。水泥的强度等级应大于32.5级。为提高岩基灌浆的早期强度，我国坝基帷幕灌浆一般多用42.5级水泥。对水泥细度的要求为水泥颗粒的粒径要小于1/3岩石裂隙宽度，如此灌浆才易生效。一般规定：灌浆用的水泥细度应能保证通过0.08mm孔径标准筛孔的颗粒质量不少于85%。

灌浆过程中，必须根据吸浆量的变化情况适时调整浆液的浓度，使岩层的大小裂隙能灌满又不浪费。开始时用最稀一级浆液，在灌入一定的浆量没有明显减少时，即改为用浓一级的浆液进行灌注，如此逐级变浓直到结束。

3.灌浆压力及其控制

灌浆压力通常是指作用在灌浆段中部的压力。确定灌浆压力的原则是：在不致破坏基岩和坝体的前提下，尽可能采用比较高的压力。使用较高的压力有利于提高灌浆质量和效果，但是灌浆压力也不能过高，否则会使裂隙扩大，引起岩层或坝体的抬动变形。灌浆压力的大小与孔深、岩层性质和灌浆段上有无压重等因素有关。

有的工程，由于岩层的细小裂隙过多，在高压作用下，后期吸浆量虽不大，但延续时间很长，仍达不到结束标准，且回浆有逐渐变浓的现象。这说明受灌的细小裂隙只进水不进浆，或只有细水泥颗粒灌入而粗颗粒灌不进。在这种情况下，改变水泥细度，或者经过两次稀释浓浆而仍达不到结束标准，确认只进水不进浆时，再延续10~30min就结束灌浆。

（五）回填封孔技术措施

在各孔灌浆完毕后，均应很好地将钻孔严密填实。回填材料多用水泥浆或水泥砂浆。砂的粒径为1~2 mm，砂的掺量一般为水泥的0.75~2倍，水灰比为0.5∶1或0.6∶1。机械回填法是将胶管下到钻孔底部，用泵将砂浆或水泥浆压入，浆液由孔底逐渐上升，将孔内积水顶出，直到孔口冒浆为止。要注意的是，软管下端必须经常保持在浆面以下。人工回填法与机械压浆回填法相同，但因浆液压力较小，封孔质量难以保证。

（六）特殊情况的处理方法

1.灌浆中断的处理方法

因机械、管路、仪表等出现故障而造成灌浆中断时，应尽快排除故障，立即恢复灌浆；否则应冲洗钻孔，重新灌浆。恢复灌浆后，若停止吸浆，可用高于灌浆压力0.14MPa的高压水进行冲洗而后恢复灌浆。

2.串浆处理方法

相邻两孔段均具备灌浆条件时，可同时灌浆。相邻两孔段有一孔段不具备灌浆条件时，首先给被串孔段充满清水，以防水泥浆堵塞凝固，影响未灌浆孔段的灌浆质量；然后用大于孔口管的实心胶塞放在孔口管上，用钻机立轴钻杆压紧。

3.冒浆处理方法

混凝土地板面裂缝处冒浆时，可暂停灌浆，用清水冲洗干净冒浆处，再用棉纱堵塞。冲洗后，用速凝水泥或水泥砂浆捣压封堵，再进行低压、限流、限量灌注。

4.漏浆处理方法

浆液沿延伸较远的大裂隙通道渗漏在山体周围，可采取长时间间歇、待凝灌浆方法灌注。若一次不行，再进行二次间歇灌注。浆液沿大裂隙通道渗漏，但不渗漏到山体周围，可采用限压、限流与短时间间歇灌浆。如达不到要求，可采取长时间间歇待凝，然后限流逐渐升压灌注的方法。一般反复1~2次即可达到结束标准。

（七）质量检查

1.质量评定

灌浆质量的评定以检查孔压水试验成果为主，结合对竣工资料测试成果的分析进行综合评定。每段压水试验透水率满足规定要求即为合格。

2.检查孔位置的布设

一般在岩石破碎、断层、裂隙、溶洞等地质条件复杂的部位，注入量较大的孔段附近，灌浆情况不正常及经分析资料认为对灌浆质量有影响的部位。

检查孔在该部位灌浆结束3~7d后就可进行布设。自上而下分段进行压水试验，压水压力为相应段灌浆压力的80%。检查孔数量为灌浆孔总数的10%，每一个单元至少应布设一个检查孔。

3.压水试验检查

坝体混凝土和基岩接触段及其下一段的合格率应为100%，以下各段的合格率应在90%以上；不合格段透水率值不超过设计规定值的10%且不集中，灌浆质量可认为合格。

4.抽样检查

对封孔质量定期进行抽样检查。

第三章　导截流与爆破工程施工

水利工程建设对于我国经济社会发展具有重要的积极作用，其不仅能够有效提高水资源的利用效率、缓解我国水资源紧张的状况，还能够维持生态环境平衡，促进可持续发展。由于水利工程施工流程较为复杂，因而难度较高，其中，导流与截流的施工难度极大，因此，必须明确导截流技术的特点并掌握其实践应用策略。

第一节　导截流工程施工

一、施工导流

（一）导流设计流量的确定

1.导流标准

确定导流设计流量是施工导流的前提和保证，只有在保证施工安全的前提下才能进行施工导流。导流设计流量取决于洪水频率标准。

施工期遭遇洪水是一个随机事件。如果导流设计标准太低，则不能保证工程的施工安全；反之，若导流工程设计规模过大，不仅增加导流费用，而且可能因规模太大而无法按期完工，造成工程施工的被动局面。因此，导流设计标准的确定，实际上是要在经济性与风险性之间寻求平衡。

当枢纽所在河段上游建有水库时，导流设计采用的洪水标准应考虑上游梯级水库的影响及调蓄作用。过水围堰的挡水标准应结合水文特点、施工工期、挡水时段，经技术经济比较后，在重现期3~20年内选定。当水文系列较长时，也可按实测流量资料分析选用。

过水围堰级别按各项指标以过水围堰挡水期情况作为衡量依据。围堰过水时的设计洪水标准应根据过水围堰的级别和规定选定。当水文系列较长时，也可按实测典型年资料分析，并通过水力学计算或水工模型试验选用。

2.导流时段划分

导流时段的划分与河流的水文特征、水工建筑物的形式、导流方案、施工进度有关。土坝、堆石坝和支墩坝一般不允许过水，当施工进度能够保证在洪水来临前完工时，导流时段可以洪水来临前的施工时段为标准，导流设计流量即为洪水来临前的施工时段内按导流标准确定的相应洪水重现期的最大流量。但是当施工期较长、洪水来临前不能完工时，导流时段就要考虑以全年为标准，其导流设计流量就是以导流设计标准确定的相应洪水期的年最大流量。

（二）施工导流方案的选择

水利枢纽工程的施工，从开工到完工往往不是采用单一的导流方法，而是几种导流方法配合运用，以取得最佳的技术经济效果。导流方案的选择应根据不同的环境、目的和因素等综合确定。合理的导流方案，必须在周密地研究各种影响因素的基础上，拟订几个可能的方案，进行技术经济比较，从中选择技术经济指标优越的方案。

选择导流方案时考虑的主要因素如下：

1.水文条件

水文条件是选择施工导流方案时考虑的首要因素。全年河流流量的变化情况、每个时期的流量大小和时间长短、水位变化的幅度、冬季的流冰及冰冻情况等，都是影响导流方案的因素。一般来说，对于河床单宽流量大的河流，宜采用分段围堰法导流；对于枯水期较长的河流，可以充分利用枯水期安排工程施工；对于流冰的河流，应充分注意流冰宣泄问题，以免流冰壅塞，影响泄流，造成导流建筑物失事。

2.地质条件

河床的地质条件对导流方案的选择与导流建筑物的布置有直接影响。若河流两岸或一岸岩石坚硬且有足够的抗压强度，则有利于选用隧洞导流。如果岩石的风化层破碎，或有较厚的沉积滩地，则选择明渠导流。河流的窄深与导流方案的选择也有直接的关系。当河道窄时，其过水断面的面积必然有限，水流流过的速度增大。对于岩石河床，其抗冲刷能力较强，河床允许束窄程度甚至可达到88%，流速增加到7.5m/s；但覆盖层较厚的河床的抗冲刷能力较差，其束窄程度不到30%，流速仅允许达到3.0m/s。此外，围堰形式的选择、基坑是否允许淹没、能否利用当地材料修筑围堰等，也都与地质条件有关。

3.水工建筑物的形式及其布置

水工建筑物的形式和布置与导流方案相互影响，因此，在决定建筑物的形式和枢纽布置时，应该同时考虑并拟订导流方案，而在选定导流方案时，又应该充分利用建筑物形式和枢纽布置方面的特点。若枢纽组成中有隧洞、涵管、泄水孔等永久泄水建筑物，在选择导流方案时应尽可能利用。在设计永久泄水建筑物的断面尺寸及其布置位置时，也要充分考虑施工导流的要求。

4.施工期间河流的综合利用

施工期间，为了满足通航、筏运、渔业、供水、灌溉或水电站运转等的要求，导流问题的解决变得更加复杂。在通航河流上大多采用分段围堰法导流。要求河流在束窄以后，河宽仍能便于船只的通行，水深要与船只吃水深度相适应，束窄断面的最大流速一般不得超过2.0m/s。对于浮运木筏或散材的河流，在施工导流期间，要避免木材壅塞泄水建筑物或者堵塞束窄河床。在施工中后期，水库拦洪蓄水时，要注意满足下游供水、灌溉用水和水电站运行的要求，有时为了保证渔业的要求，还要修建临时的过鱼设施，以便鱼群洄游。影响施工导流方案的因素有很多，但水文条件、地质条件、水工建筑物的形式及其布置、施工期间河流的综合利用是应考虑的主要因素。河谷形状系数在一定程度上综合反映地形地质情况，当该系数较小时，表明河谷窄深，地质多为岩石。

（三）围堰

围堰是施工导流中的临时建筑物，围起建筑施工所需的范围，保证建筑物能在干地施工。在施工导流结束后，如果围堰对永久性建筑物的运行有妨碍等，应予以拆除。

1.围堰的分类

围堰按其所使用材料的不同，可分为土石围堰、混凝土围堰、草土围堰、钢板桩格型围堰等。围堰按其与水流方向的相对位置，可分为大致与水流方向垂直的横向围堰和大致与水流方向平行的纵向围堰。围堰按其与坝轴线的相对位置，可分为上游围堰和下游围堰。围堰按导流期间基坑淹没条件，可分为过水围堰和不过水围堰。过水围堰除需要满足一般围堰的基本要求外，还要满足堰顶过水的专门要求。围堰按施工分期可分为一期围堰和二期围堰等。在实际工程中，为了能充分反映某一围堰的基本特点，常以组合方式对围堰进行命名。

2.围堰的基本形式

（1）不过水土石围堰

不过水土石围堰是水利水电工程中应用较广泛的一种围堰形式，其断面与土石坝相仿，通常用土和石渣填筑而成。它能充分利用当地材料或废弃的土石方，构造简单，施工方便，对地形地质条件要求低，可以在动水中、深水中、岩基上或有覆盖层的河床上修建。

（2）混凝土围堰

混凝土围堰的抗冲刷能力与抗渗能力强，挡水水头高，断面尺寸较小，易于与永久性混凝土建筑物相连接，必要时还可以过水，因此应用比较广泛。在国外，采用拱形混凝土围堰的工程较多。在我国，贵州省的乌江渡、湖南省的凤滩等水利水电工程也采用过拱形混凝土围堰作为横向围堰，但多数还是以重力式围堰做纵向围堰。

（3）草土围堰

草土围堰是一种草土混合结构，用多种捆草法修筑，是我国人民长期与洪水做斗争的智慧结晶，至今仍用于黄河流域的水利水电工程中。

草土围堰施工简单，施工速度快，可就地取材，成本低，还具有一定的抗冲刷、防渗能力，能适应沉陷变形，可用于软弱地基。但草土围堰不能承受较大水头，施工水深及流速也受到限制，草料还易于腐烂，一般水深不宜超过6m，流速不超过3.5m/s。草土围堰使用期约为两年。八盘峡工程修建的草土围堰最大高度达17m，施工水深达11m，最大流速1.7m/s，堰高及水深突破了上述范围。

草土围堰适用于岩基或砂砾石基础。如河床大孤石过多，草土体易被架空，形成漏水通道，使用草土围堰时应有相应的防渗措施。细砂或淤泥基础因易被冲刷，稳定性差，不适宜采用。草土围堰断面一般为梯形，堰顶宽度为水深的2~2.5倍，若为岩基，可减小至水深的1.5倍。

3.围堰的平面布置

围堰的平面布置是一个很重要的问题。如果围护基坑的范围过大，就会使得围堰工程量大并且增加排水设备容量和排水费用；如果范围过小，又会妨碍主体工程施工，进而影响工期；如果分期导流的围堰外形轮廓不当，还会造成导流不畅，冲刷围堰及其基础，影响主体工程施工安全。

4.堰顶高程

堰顶高程取决于导流设计流量及围堰的工作条件。纵向围堰的堰顶高程应与堰侧水面曲线相适应。通常纵向围堰顶面做成阶梯形或倾斜状，其上下游高程分别与所衔接的横向围堰同高程连接。

对于全段围堰法导流的上下游横向围堰，应使围堰与泄水建筑物进出口保持足够的距离；对于分段围堰法导流，围堰附近的流速、流态与围堰的平面布置密切相关。

当河床是由可冲性覆盖层或软弱破碎岩石所组成时，必须对围堰坡脚及其附近河床进行防护，工程实践中采取的护脚措施主要有抛石护脚、柴排护脚及钢筋混凝土柔性排护脚三种。

（四）施工导流方法

施工导流的方法大体上分为两类：一类是全段围堰法导流，另一类是分段围堰法导流。

1.全段围堰法导流

全段围堰法导流是在河床主体工程的上下游各建一道拦河围堰，使上游来水通过预先修筑的临时或永久泄水建筑物泄向下游，主体建筑物在排干的基坑中进行施工，主体工程建成或接近建成时再封堵临时泄水道。这种方法的优点是工作面大，河床内的建筑物在一次性围堰的围护下建造，若能利用水利枢纽中的永久泄水建筑物导流，可极大地节约工程投资。全段围堰法导流按泄水建筑物的类型不同可分为明渠导流、隧洞导流、涵管导流等。

2.分段围堰法导流

分段围堰法也称分期围堰法，是用围堰将建筑物分段、分期围护起来进行施工的方法。分段就是从空间上将河床围护成若干个干地施工的基坑段。分期就从时间上将导流过程划分成几个阶段。导流的分期数和围堰的分段数并不一定相同，因为在同一导流分期中，建筑物可以在一段围堰内施工，也可以同时在不同段围堰内施工。但是段数分得越多，围堰工程量就越大，施工也越复杂；同样，期数分得越多，工期有可能拖得越长。在通常情况下采用二段二期导流法。

分段围堰法导流一般适用于河床宽阔、流量大、施工期较长的工程，尤其是通航河流和冰凌严重的河流。这种导流方法的费用较低，在国内外一些大、中型水利水电工程中应用较广。分段围堰法导流，前期由束窄的原河道导流，后期可利用事先修建好的泄水道导流，常见泄水道的类型有底孔、坝体缺口等。

（五）导流泄水建筑物的布置

1.导流隧洞的布置与设计

（1）导流隧洞的布置

隧洞的平面布置主要指隧洞路线选择。影响隧洞布置的因素很多，选线时应特别注意地质条件和水力条件，一般可参照以下原则布置：

①隧洞轴线沿线地质条件良好，足以保证隧洞施工和运行的安全。应将隧洞布置在完整、新鲜的岩石中，为了防止隧洞沿线产生大规模塌方，应避免洞轴线与岩层、断层、破碎带平行，洞轴线与岩石层面的交角最好在45°以上。

②当河岸弯曲时，隧洞宜布置在凸岸，不仅可以缩短隧洞长度，而且水力条件较好。国内外许多工程均采用这种布置形式。但是也有个别工程的隧洞位于凹岸，使隧洞进口方向与天然水流方向一致。

③对于高流速无压隧洞，应尽量避免转弯。有压隧洞和低流速无压隧洞，如果必须转弯，则转弯半径应大于5倍洞径，转折角应不大于60°。在弯道的上下游应设置直线段过渡，直线段长度一般也应大于5倍洞径。

④进出口与河床主流流向的夹角不宜太大，否则会造成上游进水条件不良，下游河道产生有害的折冲水流与涌浪。进出口引渠轴线与河流主流方向夹角宜小于30°。上游进口处的要求可酌情放宽。

⑤当需要采用两条以上的导流隧洞时，可将它们布置在一岸或两岸。同一岸双线隧洞

间的岩壁厚度一般不应小于开挖洞径的两倍。

⑥隧洞进出口距上下游围堰坡脚应有足够的距离，一般要求在50m以上，以满足围堰防冲刷要求。进口高程多由截流控制，出口高程由下游消能控制，洞底按需要设计成缓坡或急坡，避免形成反坡。

（2）导流隧洞断面及进出口高程设计

隧洞断面尺寸取决于设计流量、地质和施工条件，洞径应控制在施工技术和结构安全允许范围内。隧洞断面形式取决于地质条件、隧洞工作状况及施工条件，常用的断面形式有圆形、马蹄形、方圆形。圆形多用于有压洞，马蹄形多用于地质条件不良的无压洞，方圆形有利于截流和施工。

洞身设计中，糙率的选择是十分重要的问题，糙率的大小直接影响到断面的大小，而衬砌与否、衬砌的材料和施工质量、开挖的方法和质量则是影响糙率的因素。应根据具体条件，查阅有关手册，选取设计的糙率。对重要的导流隧洞工程，应通过水工模型试验验证其糙率的合理性。

隧洞围岩应有足够的厚度，并与永久建筑物有足够的施工间距，以免永久建筑物受到基坑渗水和爆破开挖的影响。进洞处顶部岩层厚度通常为1~3倍洞径。进洞位置也可通过经济比较确定。

进出口底部高程应考虑洞内流态、截流、放木等要求。一般出口底部高程与河底齐平或略高，有利于洞内排水和防止淤积。对于有压隧洞，底坡在1%~3%者居多，这样有利于施工和排水。无压隧洞的底坡主要取决于过流要求。

2.导流明渠的布置与设计

（1）导流明渠的布置

导流明渠一般布置在岸坡上和滩地上。其布置要求如下：

①尽量利用有利地形，布置在较宽台地、堀口或古河道一岸，使明渠工程量最小，但伸出上下游围堰外坡脚的水平距离要满足防冲刷要求，一般为50~100m；尽量避免渠线通过不良地质区段，特别应注意滑坡崩塌，保证边坡稳定，避免高边坡开挖。在河滩上开挖的明渠，一般须设置外侧墙，其作用与纵向围堰相似。外侧墙必须布置在可靠的地基上，并尽量使其能直接在干地上施工。

②明渠轴线应顺直，以使渠内水流顺畅平稳，应避免采用S形弯道。明渠进出口应分别与上下游水流相衔接，与河流主流流向的夹角以30°为宜。为保证水流畅通，明渠转弯半径应大于5倍渠底宽。对于软基上的明渠，渠内水面与基坑水面之间的最短距离应大于两水面高差的2.5倍，以免发生渗透破坏。

③导流明渠应尽量与永久明渠相结合。当枢纽中的混凝土建筑物在岸边布置时，导流明渠常与电站引水渠和尾水渠相结合。

④必须考虑明渠挖方的利用。

⑤防冲刷问题。在良好岩石中开挖出的明渠，可能无须衬砌，但应尽量减小糙率。软基上的明渠应有可靠的衬砌和防冲刷措施。有时为了尽量利用较小的过水断面以增大泄流能力，即使是岩基上的明渠，也用混凝土衬砌。出口消能问题应受到特别重视。

⑥在明渠设计时，应考虑封堵措施。因为明渠施工是在干地进行的，所以应同时布置闸墩，方便导流结束时采用下闸封堵方式。个别工程对此考虑不周，不仅增加了封堵的难度，而且拖延了工期，影响整个枢纽按时发挥效益，应引以为戒。

（2）明渠进出口位置和高程的确定

进口高程按截流设计选择，出口高程一般由下游消能控制，进出口高程和渠道水流流态应满足施工期通航、过木和排冰要求。在满足上述条件的前提下，应尽可能抬高进出口高程，以减少水下开挖量。其目的在于使明渠进出口不冲、不淤和不产生回流，还可通过水力模型试验调整进出口形状和位置。

（3）导流明渠断面设计

①明渠断面尺寸的确定。明渠断面尺寸由设计导流流量控制，并受地形、地质和允许抗冲刷流速影响，应按不同的明渠断面尺寸与围堰的组合，通过综合分析确定。

②明渠断面形式的选择。明渠断面一般设计成梯形，当渠底为坚硬基岩时，可设计成矩形，有时为满足截流和通航的目的，也可设计成复式梯形断面。

③明渠糙率的确定。明渠糙率直接影响明渠的泄水能力，而影响糙率的因素有衬砌的材料、开挖的方法、渠底的平整度等，可根据具体情况查阅有关手册确定，对大型明渠工程，应通过水力模型试验选取糙率。

3.导流底孔及坝体缺口的布置

（1）导流底孔的布置

早期工程的底孔通常布置在每个坝段内，称跨中布置。导流底孔高程一般比最低下游水位低一些，主要根据通航、过木及截流要求，通过水力计算确定。导流底孔若为封闭式框架结构，其高程则需要结合基岩开挖高程和框架底板所需厚度综合确定。

（2）坝体预留缺口的布置

坝体预留缺口宽度与高程主要由水力计算确定。如果缺口位于底孔之上，孔顶板厚度应大于3m。各坝块的预留缺口高程可以不同，但缺口高差一般以4~6m为宜。当坝体采用纵缝分块浇筑法，未进行接缝灌浆过水，且流量大、水头高时，应校核单个坝块的稳定性。在轻型坝上采用缺口泄洪时，应校核支墩的侧向稳定性。

4.导流涵管的布置

对导流涵管的水力问题，如管线布置、进口体形、出口消能等问题的考虑，均与导流底孔和隧洞相似。但是，涵管与底孔也有很大的不同，涵管被压在土石坝体下面，若布置不妥或结构处理不善，可能造成管道开裂、渗漏，导致土石坝失事。因此，在布置涵管时，还应注意以下问题：

①应使涵管坐落在基岩上。若有可能，宜将涵管嵌入新鲜基岩。大、中型涵管应有一半高度埋入基岩。有些中、小型工程，可先在基岩中开挖明渠，顶部加上盖板形成涵管。苏联的谢列布良电站，其涵管是在基岩中开挖出来的，枯水流量通过涵管下泄，第一次洪水导流是同时利用涵管和管顶明渠下泄，当管顶明渠被土石坝拦堵后，下一次洪水则仅由涵管宣泄。

②涵管外壁与大坝防渗土料接触部位应设置截流环，以延长渗径，防止接触渗透破坏。环间距一般可取10~20m，环高1~2m，厚0.5~0.8m。

二、截流施工

（一）截流的基本方法

河道截流有立堵法、平堵法、综合法、下闸法及定向爆破法等，但基本方法为立堵法和平堵法两种。

1.立堵法

立堵法截流：将截流材料从龙口一端向另一端或两端向中间抛投进占，逐渐束窄龙口直到全部拦断。立堵法截流无须架设浮桥，准备工作比较简单，造价较低，但截流时水力条件较为不利，龙口单宽流量较大，流速也较大，易造成河床冲刷，须抛投单个质量较大的截流材料。由于工作前线狭窄，抛投强度受到限制。立堵法截流适用于大流量、岩基或覆盖层较薄的岩基河床，对于软基河床，应采取护底措施后才能使用。

2.平堵法

平堵法截流是沿整个龙口宽度全线抛投截流材料，抛投料堆筑体全面上升，直至露出水面，因此，合龙前必须在龙口架设浮桥。因为它是沿龙口全宽均匀地抛投，所以其单宽流量小，流速也较小，需要的单个材料的质量也较轻。沿龙口全宽同时抛投强度较大，施工速度快，但有碍于通航，因此，平堵法截流适用于软基河床、架桥方便且对通航影响不大的河流。

3.综合法

（1）立平堵法

为了既发挥平堵水力条件较好的优点，又降低架桥的费用，有的工程采用先立堵、后在栈桥上平堵的方法截流，即立平堵法。

（2）平立堵法

对于软基河床，单纯立堵易造成河床冲刷，可采用先平抛护底、再立堵合龙的方法截流，即平立堵法。

（二）截流日期及截流设计流量

截流年份应结合施工进度的安排来确定。截流年份内截流时段的选择，既要把握截流时机，选择在枯水流量、风险较小的时段进行，又要为后续的基坑工作和主体建筑物施工留有余地，不致影响整个工程的施工进度。在确定截流时段时，应考虑以下要求：

第一，截流以后，需要继续加高围堰，完成排水、清基、基础处理等大量基坑工作，并把围堰或永久建筑物在汛期到来前抢修到一定高程以上。为了保证这些工作的完成，截流时段应尽量提前。

第二，在通航的河流上进行截流时，截流时段最好选择对航运影响较小的时段。这是因为在截流过程中，航运必须停止，即使船闸已经修好，但因截流时水位变化较大，亦须停航。

第三，在北方有冰凌的河流上，截流不应在流冰期进行。这是因为冰凌很容易堵塞河道或导流泄水建筑物，壅高上游水位，给截流带来极大困难。

综上所述，截流时段应根据河流水文特征、气候条件、围堰施工及通航、过木等因素综合分析确定。一般选在枯水期初，流量已有显著下降的时候。严寒地区应尽量避开河道流冰及封冻期。

截流设计流量是指某一确定的截流时段的截流流量，一般按频率法确定，根据已选定的截流时段，采用该时段内一定频率的流量作为设计流量。截流设计标准一般可采用截流时段重现期5~10年的月或旬平均流量。除频率法外，也有不少工程采用实测资料分析法。当水文资料系列较长，河道水文特性稳定时，这种方法可应用。

在大型工程截流设计中，通常多以选取一个流量为主，再考虑较大、较小流量出现的可能性，用几个流量进行截流计算和模型试验研究。对于有深槽和浅滩的河道，若导流建筑物布置在浅滩上，对截流的不利条件要特别进行研究。

（三）龙口位置和宽度

龙口位置的选择与截流工作有密切关系。一般来说，龙口附近应有较宽阔的场地，以便布置截流运输线路和制作、堆放截流材料。它要设置在河床主流部位，方向力求与主流顺直，并选择在耐冲刷河床上，以免截流时因流速增大引起过分冲刷。原则上龙口宽度应

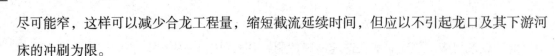

尽可能窄，这样可以减少合龙工程量，缩短截流延续时间，但应以不引起龙口及其下游河床的冲刷为限。

三、施工排水

（一）明式排水

1.初期排水

初期排水主要涉及基坑积水和围堰与基坑渗水两大部分。因为初期排水是在围堰或截流围堰合龙闭气后立即进行的，且枯水期的降雨量很少，一般可不予考虑。除积水和渗水外，有时还须考虑填方和基础中的饱和水。

初期排水渗流量原则上可按有关公式计算得出，但是，初期排水时的渗流量估算往往很难符合实际。因此，通常不单独估算渗流量，而将其与积水排除流量合并在一起，依靠经验估算初期排水总流量。

基坑积水体积可根据基坑积水面积和积水深度计算，这是比较容易的，但是排水时间的确定就比较复杂，排水时间主要受基坑水位下降速度的限制，基坑水位的允许下降速度视围堰种类、地基特性和基坑内水深而定。水位下降太快，则围堰或基坑边坡中动水压力变化过大，容易引起坍坡；水位下降太慢，则影响基坑开挖时间。通常，若填方和覆盖层体积不太大，在初期排水且基础覆盖层尚未开挖时，可以不必计算饱和水的排除。若须计算，可按基坑内覆盖层总体积和孔隙率估算饱和水总水量。在初期排水过程中，可以通过试抽法进行校核和调整，并为经常性排水计算积累一些必要资料。试抽时如果水位下降很快，则显然是所选择的排水设备容量过大，此时应关闭一部分排水设备，使水位下降速度符合设计规定。试抽时若水位不变，则显然是设备容量过小或有较大渗漏通道，此时应增加排水设备容量或找出渗漏通道予以堵塞，然后进行抽水。还有一种情况是水位降至一定深度后就不再下降，这说明此时排水流量与渗流量相等，据此可估算出须增加的设备容量。

2.基坑排水

基坑排水要考虑基坑开挖过程中和开挖完成后修建建筑物时的排水系统布置，使排水系统尽可能不影响施工。

基坑开挖过程中的排水系统布置应以不妨碍开挖和运输工作为原则。一般常将排水干沟布置在基坑中部，以利于两侧出土。随基坑开挖工作的推进，逐渐加深排水干沟和支沟。通常保持干沟深度为1~1.5m，支沟深度为0.3~0.5m。集水井多布置在建筑物轮廓线外侧，井底应低于干沟沟底，但是，由于基坑坑底高程不一，有的工程就采用层层设截流沟、分级抽水的办法，即在不同高程上分别布置截水沟、集水井和水泵站，进行分级抽水。建筑物施工时的排水系统通常布置在基坑四周。排水沟应布置在建筑物轮廓线外侧，且距离基坑边坡坡脚不小于0.3m。排水沟的断面尺寸和底坡大小取决于排水量的大小，一般排水沟底宽不小于0.3m，沟深不大于1.0m，底坡不小于0.002。在密实土层中，排水沟可以不用支撑，但在松散土层中，则需用木板或麻袋装石来加固。

为防止降雨时地面径流进入基坑而增加抽水量，通常在基坑外缘边坡上挖截水沟，以拦截地面水。截水沟的断面及底坡应根据流量和土质而定，一般沟宽和沟深不小于0.5m，底坡不小于0.002，基坑外地面排水系统最好与道路排水系统相结合，以便自流排水。为了降低排水费用，当基坑渗水水质符合饮用水或其他施工用水要求时，可将基坑排水与生活、施工供水结合起来。

3.经常性排水

经常性排水主要涉及围堰和基坑的渗水、降雨、地基岩石冲洗及混凝土养护用废水等。设计中一般考虑两种不同的组合，选出排水量较大的组合，用以选择排水设备。一种组合是渗水加降雨，另一种组合是渗水加施工废水。降雨和施工废水不必组合在一起，这是因为二者不会同时出现。

（1）降雨量的确定

在基坑排水设计中，对降雨量的确定尚无统一的标准。大型工程可采用20年一遇3d降雨中最大的连续6h雨量，再减去估计的径流损失值，作为降雨强度；也有的工程采用日最大降雨强度。基坑内的降雨量可根据上述内容计算降雨强度和基坑集雨面积求得。

（2）施工废水

施工废水主要考虑混凝土养护用水，其用水量估算应根据气温条件和混凝土养护的要求而定。一般初估时可按每立方米混凝土每次用水5L、每天养护8次计算。

（3）渗透量计算

通常，基坑渗透总量包括围堰渗透量和基础渗透量两大部分。在初步估算时，往往不可能获得较详尽且可靠的渗透系数资料，此时可采用更简便的估算方法。当基坑在透水地基上时，可按照相关规定所列的参考指标来估算整个基坑的渗透量。

（二）人工降低地下水位

在经常性排水过程中，为了保持基坑开挖工作始终在干地上进行，常常要多次降低排水沟和集水井的高程，变换水泵站的位置，这难免影响开挖工作的正常进行。此外，在开挖细砂土、砂壤土类地基时，随着基坑底面的下降，坑底与地下水位的高差越来越大，在地下水渗透压力作用下，容易产生边坡脱滑、坑底隆起等事故，甚至危及邻近建筑物的安全，给开挖工作带来不良影响。

采用人工降低地下水位，可以改变基坑内的施工条件，防止流砂现象的发生，基坑边坡陡一些，可以大大减少挖方量。人工降低地下水位的基本做法是：在基坑周围钻设一些井，地下水渗入井中后，随即被抽走，使地下水位线降到开挖的基坑底面以下，一般应使地下水位降到基坑底面以下0.5~1.0m。人工降低地下水位的方法按排水工作原理可分为管井法和井点法两种。管井法是单纯重力作用排水，适用于渗透系数为10~250m/d的土层；井点法还附有真空或电渗排水的作用，适用于渗透系数为0.1~50m/d的土层。

1.管井法降低地下水位

管井法降低地下水位是在基坑周围布置一系列管井，管井中放入水泵的吸水管，在重力作用下流入井中的地下水即可用水泵抽走。用管井法降低地下水位时，须先设置管井，管井通常由钢管制成，在缺乏钢管时也可用木管或预制混凝土管代替。井管的下部安装滤水管，有时在井管外还须设置反滤层，地下水从滤水管进入井内，水中的泥沙则沉淀在沉淀管中。滤水管是井管的重要组成部分，其构造对井的出水量和可靠性影响很大。对滤水管的要求是：过水能力大，进入的泥沙少，有足够的强度和耐久性。

井管埋设可采用射水法、振动射水法及钻孔法。射水下沉时，先用高压水冲土下沉套管，较深时可配合振动或锤击，然后在套管中插入井管，最后在套管与井管的间隙填反滤层和拔套管，反滤层每填高一次便拔一次套管，逐层上拔，直至完成。

2.井点法降低地下水位

与管井法不同，井点法降低地下水位是把井管和水泵的吸水管合二为一，简化了井的构造。井点法降低地下水位的设备，根据其降深能力分轻型井点和深井点等。其中，最常用的是轻型井点。轻型井点是由井管、集水总管、普通离心式水泵、真空泵和集水箱等设备所组成的一个排水系统。

轻型井点系统中，地下水从井管下端的滤水管借真空泵和水泵的抽吸作用流入管内，沿井管上升汇入集水总管，流入集水箱，由水泵排出。轻型井点系统开始工作时，先开动真空泵，排除系统内的空气，待集水井内的水面上升到一定高度后，再启动水泵排水。水泵开始抽水后，为了保持系统内的真空度，仍需真空泵配合水泵工作。这种井点系统也叫真空井点。井点系统排水时，地下水位的下降深度取决于集水箱内的真空度与管路的漏气性和水位损失。一般集水箱内真空度为80kPa，相当于吸水高度为8m，扣除各种损失后，地下水位的下降深度为4~5m。当要求地下水位降低的深度超过5m时，可以像管井一样分层布管，但若管路纵横，妨碍交通，影响施工，也会增加挖方量。而且当上层井点发生故障时，下层水泵能力有限，地下水位回升，基坑有被淹没的可能。

布置井点系统时，为了充分发挥设备能力，集水总管、集水管和水泵应尽量接近天然地下水位。当需要几套设备同时工作时，各套总管之间最好接通，并安装开关，以便相互支援。

井管一般用射水法下沉安设。距孔口1.0m范围内，应用黏土封口，以防漏气。排水工作完成后，可利用杠杆将井管拔出。

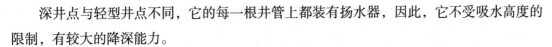

深井点与轻型井点不同，它的每一根井管上都装有扬水器，因此，它不受吸水高度的限制，有较大的降深能力。

深井点有喷射井点和压气扬水井点两种。

喷射井点由集水池、高压水泵、输水干管和喷射井管等组成。通常一台高压水泵能为30~35个井点服务，其最适宜的降水位范围为5~18m。喷射井点的排水效率不高，一般用于渗透系数为3~50m/d、渗流量不大的场合。

压气扬水井点是用压气扬水器进行排水。排水时压缩空气由输气管送来，经喷气装置进入扬水管，于是管内容重较轻的水汽混合液在管外水压力的作用下，沿水管上升到地面排走。为达到一定的扬水高度，就必须将扬水管沉入井中足够的深度，使扬水管内外有足够的压力差。压气扬水井点降低地下水位最大可达40m。

四、施工度汛

（一）坝体拦洪的标准

施工期坝体拦洪度汛包括两种情况：一种是坝体高程修筑到无须围堰保护或围堰已失效时的临时挡水度汛；另一种是导流泄水建筑物封堵后，永久泄洪建筑物已初具规模，但尚未具备设计的最大泄洪能力，坝体尚未完工时的度汛。这一施工阶段，通常称为水库蓄水阶段或大坝施工期运用阶段。此时，坝体拦洪度汛的洪水重现期标准取决于坝型及坝前拦洪库容。

（二）拦洪度汛措施

若汛期到来之前坝体不可能修筑到拦洪高程，则必须考虑采取其他拦洪度汛措施。尤其当主体建筑物为土坝或堆石坝且坝体填筑又相当高时，更应给予足够的重视，因为一旦坝身过水，就会造成严重的溃坝后果。其他拦洪度汛措施因坝型不同而不同。

1.混凝土坝的拦洪度汛

混凝土坝体是允许漫洪的，若坝身在汛期到来之前不可能浇筑到拦洪高程，为了避免坝身过水时造成停工，可以在坝面上预留缺口以度汛，待洪水过后再封填缺口，全面上升坝体。另外，根据混凝土浇筑进度安排，虽然在汛期到来之前坝身可以浇筑到拦洪高程，但一些纵向施工缝尚无法灌浆封闭，则可考虑用临时断面挡水。在这种情况下，必须充分论证，采取相应措施，以消除应力恶化的影响。

2.土石坝拦洪度汛措施

土坝、堆石坝一般是不允许过水的，若坝身在汛期到来之前不可能填筑到拦洪高程，

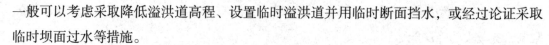

一般可以考虑采取降低溢洪道高程、设置临时溢洪道并用临时断面挡水，或经过论证采取临时坝面过水等措施。

（1）采用临时断面挡水

采用临时断面挡水时，应注意以下几点：

①临时挡水断面顶部应有足够的宽度，以便在紧急情况下仍有余地抢筑子堰，确保度汛安全。边坡应保证稳定，其安全系数一般应不低于正常设计标准。为防止施工期间因暴雨冲刷和其他原因而坍坡，必要时应采取简单的防护措施和排水措施。

②上游垫层和块石护坡应按设计要求筑到拦洪高程，否则应考虑临时的防护措施。下游坝体部位，为满足临时挡水断面的安全要求，在基础清理完毕后，应按全断面填筑若干米后再收坡，必要时应结合设计的反滤排水设施统一考虑。

（2）采用临时坝面过水

采用临时坝面过水时，应注意以下几点：

①为保证过水坝面下游边坡的抗冲稳定，应加强保护或做成专门的溢流堰，如将反滤体加固后作为过水坝面溢流堰体等，并应注意堰体下游的防冲刷保护。

②靠近岸边的溢流体的堰顶高程应适当抬高，以减小坝面单宽流量，减轻水流对岸坡的冲刷。过水坝面的顶高程一般应低于溢流堰体顶高程0.5~2.0m或做成反坡式，以避免过水坝面的冲淤。

③根据坝面过流条件合理选择坝面保护形式，防止淤积物渗入坝体，特别要注意防渗体、反滤层等的保护。必要时在上游设置拦污设施，防止杂物淤积坝面，撞击下游边坡。

第二节　爆破工程施工

一、爆破理论

水利工程建设需要大量土石方开挖，爆破是最有效的方法之一。爆破施工不仅施工简便、节省人力，可加快施工进度、提高劳动效率、降低成本，而且施工还不受气候限制，并能完成许多机械和人工无法完成的工作。因此，爆破技术已被广泛应用于水利工程施工中。爆破必须满足工程的设计要求，同时，还必须保证其周围的人和物的安全。

爆破是炸药爆炸作用于周围介质的结果。埋在介质内的炸药引爆后，在极短的时间内，由固态转变为气态，体积增加数百倍至几千倍，伴随产生极大的压力和冲击波，同时还产生很高的温度，使周围介质受到不同程度的破坏，称为爆破。

（一）无限介质中的爆破

当具有一定质量的球形药包在无限均质介质内部爆炸时，在爆炸力作用下，距离药包中心不同区域的介质，由于受到的作用力有所不同，因而产生不同程度的破坏或振动现象。整个被影响的范围叫爆破作用圈，这种现象随着与药包中心间的距离增大而逐渐消失，按对介质作用不同，可分为以下四个作用圈：

1.压缩圈

在这个作用圈范围内，介质直接承受了药包爆炸而产生的极其巨大的作用力，因而如果介质是可塑性的土壤，便会受到压缩形成孔腔；如果是坚硬的脆性岩石，便会被粉碎。因此，把这个作用圈称为压缩圈或破碎圈。

2.抛掷圈

围绕在压缩圈范围以外的地带，其受到的爆破作用力虽较压缩圈内的小，但介质原有的结构受到破坏，分裂成为各种尺寸和形状的碎块，而且爆破作用力尚有余力，足以使这些碎块获得运动速度。如果这个地带的某一部分处在临空的自由面条件下，被破坏的介质碎块便会产生抛掷现象，因而叫作抛掷圈。

3.松动圈

松动圈又称破坏圈。在抛掷圈以外的地带，爆破的作用力更弱，除了能使介质结构受到不同程度的破坏外，没有余力可以使破坏了的碎块产生抛掷运动，因而叫作破坏圈。工程上为了实用起见，一般还把这个地带被破碎成为独立碎块的一部分叫作松动圈，而把只是形成裂缝、互相间仍然连成整块的一部分叫作裂缝圈或破裂圈。

4.振动圈

在破坏圈范围之外，微弱的爆破作用力甚至不能对介质产生破坏。这时介质只能在应力波的传播下，发生振动现象，这就是振动圈。振动圈以外，爆破作用的能量就完全消失了。

（二）有限介质中的爆破

有限介质是指有一定的形状和尺寸的物质，如容器、管道、岩石或建筑物。有限介质中的爆破是一种复杂的物理现象，涉及到多种因素，如介质的性质、爆炸物的类型、装药方式、引爆位置、边界条件等。

有限介质中的爆破的基本原理是，当爆炸物被引爆时，会产生高温高压的气体，这些气体会向周围介质施加巨大的压力，导致介质的变形、破坏或运动。同时，爆炸物和介质之间会发生能量和物质的交换，影响爆炸的效果和后果。有限介质中的爆破的特点是，由于介质的有限性，爆炸产生的冲击波会在介质内部反射、折射、干涉和聚焦，形成复杂的波动现象，这些波动会对介质造成不同程度的损伤或加速。另外，有限介质的形状和尺寸也会影响爆破的结果，如圆柱形的介质会产生轴对称的波动，而立方体的介质会产生非对称的波动。

有限介质中的爆破的研究方法主要有理论分析、数值模拟和实验测试三种。理论分析是利用数学和物理的知识，建立有限介质中的爆破的数学模型，求解爆破过程中的各种参数，如压力、温度、密度、速度等。数值模拟是利用计算机的技术，根据有限介质中的爆破的数学模型，采用有限元、有限差分、有限体积等方法，对爆破过程进行离散化和求解，得到爆破的动态图像和数据。实验测试是利用实验设备和仪器，按照一定的条件，对有限介质中的爆破进行实际的观测和测量，获取爆破的实际效果和数据。这三种方法各有优缺点，需要相互补充和验证，才能更好地理解和掌握有限介质中的爆破的规律和机理。

二、爆破材料

（一）炸药

1.炸药的基本性能

（1）爆力

爆力是指炸药在介质内部爆炸时对其周围介质产生的整体压缩、破坏和抛移能力。它的大小与炸药爆炸时释放出的能量大小成正比，炸药的爆能越高，生成气体量越多，爆力也就越大。测定炸药爆力的方法常用铅柱扩孔法和爆破漏斗法。

（2）猛度

猛度是指炸药在爆炸瞬间对与药包接邻的介质所产生的局部压缩、粉碎和击穿能力。炸药爆速越高，密度越大，其猛度越大。测量炸药猛度的方法是铅柱压缩法。

（3）氧平衡

氧平衡是指炸药在爆炸分解时的氧化情况。如果炸药中的氧恰好等于其中可燃物完全氧化所需的氧量，即产生二氧化碳和水，没有剩余的氧，称为零氧平衡；若含氧量不足，可燃物不能完全氧化且产生一氧化碳，此时称为负氧平衡；若含氧量过多，将炸药所放出的氮也氧化成有害气体一氧化氮，此时称为正氧平衡。

（4）安定性

安定性指炸药在长期储存中保持原有物理化学性质的能力，有物理安定性与化学安定性之分。物理安定性主要是指炸药的吸湿性、挥发性、可塑性、机械强度、结块、老化、冻结、收缩等一系列物理性质。物理安定性的大小，取决于炸药的物理性质；化学安定性的大小，取决于炸药的化学性质及常温下化学分解速度的快慢，特别是取决于储存温度的高低。

（5）敏感度

炸药在外能作用下起爆的难易程度称为该炸药的敏感度。不同的炸药在同一外能作用下起爆的难易程度是不同的，起爆某炸药所需的外能小，则该炸药的敏感度高；起爆某炸药所需的外能大，则该炸药的敏感度低。炸药的敏感度对于炸药的制造加工、运输、储存、使用的安全十分重要。

（6）爆速

爆速是指爆炸时爆轰波沿炸药内部传播的速度。爆速测定方法有导爆索法、电测法和高速摄影法。

（7）殉爆

炸药爆炸时引起与它不相接触的邻近炸药爆炸的现象叫殉爆。殉爆反映了炸药对冲击波的敏感度。主发药包的爆炸引爆被发药包爆炸的最大距离称为殉爆距离。影响殉爆的因素有装药密度、药量和直径、药卷约束条件和药卷放置方向等。

2.工程炸药的分类、品种及性能

（1）炸药分类

起爆药：敏感度高、加热、摩擦或撞击易引发爆炸，主要有二硝基重氮酚、雷汞、叠氮化铅等；用于制作起爆器材。

单质、混合猛炸药：爆炸威力大，破碎岩石效果好；同起爆药相比，猛炸药敏感度较低，使用时须用起爆药起爆；单质猛炸药有TNT、黑索金、泰安、硝化甘油等；混合猛炸药有硝铵炸药、铵油炸药、铵沥蜡炸药、铵松蜡炸药、浆状炸药、水胶炸药、乳胶炸药、高威力炸药等。混合猛炸药是工业爆破工程中用量最大、最基本的一种炸药；单质猛炸药是制造某种品种混合猛炸药的主要成分。黑索金、泰安又常用作导爆索的药芯，黑索金也常用作雷管副起爆药。

发射药：对火焰的敏感度极高，余火能迅速燃烧，在密闭条件下可转为爆炸；常将黑火药用于导火索的药芯。

（2）常用炸药的品种及性能

常用的炸药主要有TNT、硝铵类炸药、胶质炸药、黑火药等。

TNT有压榨的、鳞片的和熔铸的三种。淡黄色或黄褐色，味苦，有毒，爆烟也有毒。安定性好，对冲击和摩擦的敏感性不大。块状时不易受潮，威力大，可做雷管副起爆药。适用于露天及水下爆破，不宜用于通风不良的隧洞爆破和地下爆破。

硝铵类炸药是以硝酸铵为主要成分的混合炸药，常用的有铵梯炸药、铵油炸药、铵沥蜡炸药、浆状炸药、水胶炸药、乳化炸药等。浅黄色或灰白色，粉末状。药质有毒，但爆烟毒气少，对热和机械作用敏感度不大，撞击摩擦不爆炸，不易点燃。易受潮，受潮后威力降低或不爆炸，长期存放易结块，能腐蚀铜、铅、铁等金属，起爆时，雷管插入药内不得超过一昼。应用较广，适用于一般岩石爆破，也可用于隧洞或地下爆破。

黑火药一般由硝石、硫黄、木炭混合而成。带深蓝黑色，颗粒坚硬明亮，对摩擦、火花、撞击均较敏感，爆速低，威力小。易受潮，但制作简便，起爆容易，水中不能用，常用于小型水利工程中的小型岩石爆破，以及用作导火线药芯。

胶质炸药由硝化棉吸收硝化甘油而制成，为淡黄色半透明体的胶状物，不溶于水，可在水中爆炸，威力大。敏感度高，有毒性，接触皮肤便可引起头痛中毒，冻结后更为敏感。受撞击摩擦或折断药包均可引起爆炸，可点燃，当储藏时间过长时，可能产生老化现象，威力降低。主要用于水下爆破。

（二）起爆器材

1.火雷管

火雷管即普通雷管，由管壳、正副起爆药和加强帽三部分组成。管壳材料有铜、铝、纸、塑料等。上端开口，中段设加强帽，中有小孔，副起爆药压于管底，正起爆药压在上部。在管沟开口一端插入导火索，引爆后，火焰使正起爆药爆炸，最后引起副起爆药爆炸。根据管内起爆药量的多少分 $1\sim10$ 个号码，常用的为6号、8号。火雷管具有结构简单，生产效率高，使用方便、灵活，价格低廉，不受各种杂电、静电及感应电的干扰等优点。但由于导火索在传递火焰时难以避免速燃、缓燃等致命弱点，在使用过程中爆破事故多，因此，使用范围和使用量受到极大限制。

2.电雷管

电雷管有即发、延期和毫秒微差三种。

即发电雷管由火雷管和1个发火元件组成。接通电源后，电流通过桥丝发热，使引火药头发火，导致整个雷管起爆。

普通延期电雷管是雷管通电后间隔一定时间才起爆的电雷管，延期时间为 $0.5\sim1s$ 。延期时间是用精致导火索段或延期药来达到的，由其长度、药量和延期药配比来调节。采用精致导火索段的结构称为索式结构，采用延期药的结构称为装配式结构。该类雷管主要用于基建和隧道掘进、采石、土方开挖等爆破作业中，在有瓦斯和煤尘爆炸危险的工作面不得使用。

毫秒微差电雷管的结构有多种形式，按延期药的装配关系分为直填式和装配式，装配式又有管式、索式和多芯结构式。毫秒电雷管还有等间隔和非等间隔之分，段与段之间的间隔时间相等的称为等间隔，反之为非等间隔。

毫秒电雷管在爆破工作中的作用越来越大，它不仅对降低爆破地震、保护边坡、控制飞石具有很好的作用，而且对控制爆破、保护地基也起着重要作用。毫秒电雷管正在向高

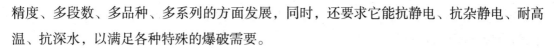

精度、多段数、多品种、多系列的方面发展，同时，还要求它能抗静电、抗杂静电、耐高温、抗深水，以满足各种特殊的爆破需要。

3.导火索

导火索用来起爆火雷管和黑火药，多用于一般爆破工程，不宜用于有瓦斯或矿尘爆炸危险的作业面。导火索用黑火药做药芯，用麻、棉纱和纸做包皮，外面涂有沥青、油脂等防潮剂。

导火索的燃烧速度有两种：正常燃烧速度为100~120s/m，缓燃速度为180~210s/m。喷火强度不低于50mm。国产导火索每盘长250m，耐水性一般不低于2h，直径5~6mm。

4.导爆索

导爆索用强度大、爆速高的烈性黑索金做药芯，以棉线、纸条做包缠物，并涂以防潮剂，表面涂以红色。索头涂以防潮剂。

导爆索的优点是：不受电的干扰，使用安全；起爆准确可靠，并能同时起爆多个炮孔，同步性好，故在控制爆破中应用广泛；施工装药比较安全，网络敷设简单可靠；可在水孔或高温炮孔中使用。其缺点是：价格高，网络连接后孔内无法检查；不能实现炮孔孔底起爆，影响能量充分应用。

5.导爆管

导爆管是一种半透明的，具有一定强度、韧性，耐温，不透水的塑料管起爆材料。它在塑料软管内壁涂薄薄一层胶状高性能混合炸药，具有抗火、抗电、抗冲击、抗水及导爆安全等特性。导爆管主要用于无瓦斯、矿尘的露天、井下、深水和杂散电流大及一次起爆多数炮孔的微差爆破作业中，或上述条件下的瞬发爆破及秒延期爆破。

三、起爆方法

雷管常用的起爆方法可分为电力起爆法、非电力起爆法和无线起爆法三类。非电力起爆法又包括火花起爆法、导爆索起爆法和导爆管起爆法。

（一）电力起爆法

电力起爆法就是利用电能引爆电雷管进而起爆炸药的起爆方法，它所需的起爆器材有电雷管、导线和起爆电源等。本法可以同时起爆多个药包；可间隔延期起爆，安全可靠。但是操作较复杂，准备工作量大；需较多电线，需一定检查仪表和电源设备。它适用于大中型重要的爆破工程。电力起爆网络主要由电源、导线、电雷管、脚线等组成。

1.起爆电源

电力起爆的电源可用普通照明电源或动力电源，最好是使用专线。当缺乏电源而爆破规模较小或起爆的雷管数量不多时，也可用干电池或蓄电池组合使用。另外，还可以使用电容式起爆电源，即发爆器起爆。

2.导线

电爆网络中的导线一般采用绝缘良好的铜线和铝线。在大型电爆网络中的常用导线按其位置和作用划分为端线、连接线、区域线和主线。

端线：端线是指连接电爆元件和连接线的导线，它们的长度和截面积一般较小，以减少电阻和电感的影响，保证电爆元件能够同时或按预定顺序爆炸。端线的绝缘层一般采用聚乙烯或聚氯乙烯等材料，以防止端线之间的短路或与其他金属物体的接触。

连接线：连接线是指连接端线和区域线的导线，它们的长度和截面积一般较大，以承载较大的电流和电压，保证电爆网络的稳定性和连续性。连接线的绝缘层一般采用橡胶或塑料等材料，以增加连接线的柔韧性和耐磨性，适应不同的环境和条件。

区域线：区域线是指连接不同区域的电爆网络的导线，它们的长度和截面积一般最大，以传输较远距离的电能，保证电爆网络的完整性和一致性。区域线的绝缘层一般采用钢丝或玻璃纤维等材料，以增强区域线的抗拉强度和抗干扰能力，防止区域线的断裂或干扰。

主线：主线是指连接电爆网络和电源的导线，它们的长度和截面积一般根据电源的类型和参数而定，以满足电爆网络的电能需求，保证电爆网络的有效性和安全性。主线的绝缘层一般采用高压绝缘材料，以隔离主线和电源的高电压差，防止主线的过热或火花。

3.电雷管的主要参数

电雷管在电流作用下由于电流通过桥丝使其灼热，灼热的桥丝引燃了引火头，从而导致起爆药爆炸。其主要参数有最高安全电流、最低准爆电流、电雷管电阻。

最高安全电流。给电雷管通以恒定的直流电，在较长时间内不致使受发电雷管引火头发火的最大电流，称为电雷管最高安全电流。

最低准爆电流。给电雷管通以恒定的直流电，保证在1min内必定使任一发电雷管起爆的最小电流，称为最低准爆电流。

电雷管电阻。电雷管电阻是指桥丝电阻与脚线电阻之和，又称电雷管安全电阻。在使用前应测定每个电雷管的电阻值，在同一爆破网络中使用的电雷管应为同厂同型号产品。

4.电爆网络的连接方式

当有多个药包联合起爆时，电爆网络的连接可以采用串联、并联、串并联、并串联等方法。

串联法是将电雷管的脚线一个接一个地连在一起，并将两端的两根脚线接至主线，并通向电源。该法线路简单，计算和检查线路较易，导线消耗较小，准爆电流小，可用放炮器、干电池、蓄电池做起爆电源。但整个起爆电路可靠性差，如果一个雷管发生故障，或敏感度有差别时，易发生拒爆现象。此法适用于爆破数量不多、炮孔分散、电源电流不大的小规模爆破。

并联法是将所有电雷管的两根脚线分别接在两根主线上，或将所有雷管的其中一根脚线集合在一起，然后接在一根主线上，把另一根脚线也集合在一起，接在另一根主线上。其特点是：各个雷管的电流互不干扰，不易发生拒爆现象，当一个电雷管有故障时，不影响整个起爆。但导线电流消耗大，需较大截面主线；连接较复杂，检查不便；若分支电阻相差较大，可能产生不同时爆炸或拒爆。此法适用于炮孔集中、电源容量较大及起爆小量雷管时使用。

串并联法是将所有雷管分成几组，同一组的电雷管串联在一起，然后组与组之间再并联在一起。这种方法需要的电流容量比并联小，同组中的电流互不干扰；药室中使用成对的电雷管，可增加起爆的可靠性。但线路计算和敷设复杂，导线消耗量大。该法适用于每次爆破的炮孔、药包组较多，且距离较远或全部并联电流不足时，或采取分层迟发布置药室时使用。

并串联法是将所有雷管分成几组，同一组的电雷管并联在一起。其特点是可采用较小的电容量和较低的电压，可靠性比串联强。但线路计算和敷设较复杂，有一个雷管拒爆时，将切断一个分组的线路。该法各分支线路电阻应注意平衡或基本接近。这种方法适用于一次起爆多个药包且药室距离很长时，或每个药室设两个以上的电雷管而又要求进行迟发起爆时，或无充足的电源电压时。

（二）非电力起爆法

1. 火花起爆法

火花起爆法是以导火索燃烧时的火花引爆雷管进而起爆炸药的起爆方法。火花起爆法所用的材料有火雷管、导火索及点燃导火索的电火材料等。火花起爆法的优点是操作简单，准备工作少，成本较低。缺点是操作人员所处操作地点不够安全。目前，这种方法主要用于浅孔和裸露药包的爆破，在有水或水下爆破时不能使用。

2. 导爆索起爆法

导爆索起爆法是用导爆索爆炸产生的能量直接引爆药包的起爆方法。这种起爆方法所用的起爆器材有雷管、导爆索、继爆管等。导爆索起爆法的优点是：导爆速度高，可同时起爆多个药包，准爆性好；连接形式简单，无复杂的操作技术；在药包中不需要放雷管，故装药、堵塞时都比较安全。缺点是成本高，不能用仪表来检查爆破线路的好坏。此法适用于瞬时起爆多个药包的炮孔、深孔或洞室爆破。

3. 导爆管起爆法

导爆管起爆法是利用塑料导爆管来传递冲击波引爆雷管，然后使药包爆炸的一种新式起爆方法。导爆管起爆网络通常由激发元件、传爆元件、起爆元件和连接元件组成。这种方法导爆速度快，可同时起爆多个药包；作业简单、安全；抗杂散电流，起爆可靠。缺点是其导爆管连接系统和网络设计较为复杂，适合在露天、井下、深水、杂散电流大和一次起爆多个药包的微差爆破作业中进行瞬发或秒延期爆破。

四、爆破施工

（一）爆破基本方法

1.裸露爆破法

裸露爆破法又称表面爆破法，是将药包直接放置于岩石的表面进行爆破。

药包放在块石或孤石的中部凹槽或裂隙部位，体积大于$1m^3$的块石，药包可分数处放置，或在块石上打浅孔或浅穴破碎。为提高爆破效果，表面药包底部可做成集中爆力穴，药包上护以草皮或泥土、沙子，其厚度应大于药包高度或以粉状炸药敷30cm厚。用电雷管或导爆索起爆。裸露爆破无须使用钻孔设备，操作简单迅速，但炸药消耗量大，破碎岩石飞散较远。裸露爆破法适用于地面上大块岩石、大孤石的二次破碎及树根、水下岩石与改建工程的爆破。

2.浅孔爆破法

浅孔爆破法是在岩石上钻直径小于75mm、深小于5m的圆柱形炮孔，装延长药包进行爆破。炮孔直径通常用35mm、42mm、45mm、50mm几种。浅孔爆破法常采用阶梯开挖法。该法不需要复杂的钻孔设备，施工操作简单，容易掌握；炸药消耗量少，飞石距离较近，岩石破碎均匀，便于控制开挖面的形状和尺寸，可在各种复杂条件下施工，在爆破作业中被广泛采用。但其爆破量较小，效率低，钻孔工作量大。该法适于各种地形和施工现场比较狭窄的工作面，也可用于平整边坡、开采岩石、松动冻土及改建工程拆除控制爆破。

3.深孔爆破法

深孔爆破法是将药包放在直径大于75mm、深大于5m的圆柱形深孔中爆破。爆前宜先将地面爆成倾角大于55°的阶梯形，钻孔用轻、中型露天潜孔钻。

深孔爆破法采用分段或连续装药。爆破时，边排先起爆，后排依次起爆。此法单位岩石体积的钻孔量少，耗药量少，生产效率高；一次爆落石方量多，操作机械化，可减轻劳动强度。但本法爆破的岩石不够均匀，有10%~25%的大块石须二次破碎，钻孔设备复杂，费用较高。深孔爆破法适用于料场、深基坑的松爆、场地整平及高阶梯中型爆破各种岩石。

4.药壶爆破法

药壶爆破法又称葫芦炮、坛子炮，是在普通浅孔或深孔炮孔底先放入少量的炸药，经过一次至数次爆破，扩大成近似圆球形的药壶，然后装入一定数量的炸药进行爆破。爆破前，地形宜先造成较多的临空面，最好是立崖和台阶。

每次爆扩药壶后，须间隔20~30min。扩大药壶用小木柄铁勺掏渣或用风管通入压缩空气吹出。当土质为黏土时，可以压缩，无须出渣。药壶法一般宜与炮孔法配合使用，以提高爆破效果。一般宜用电力起爆，并应敷设两套爆破路线；用火花起爆，当药壶深3~6m时，应设两个火雷管同时点爆。

为减少钻孔工作量，可多装药，炮孔较深时，将延长药包变为集中药包，可极大地提高爆破效果。但扩大药壶时间较长，操作较复杂，破碎的岩石块度不够均匀，对坚硬岩石扩大药壶较困难，不能使用。

药壶爆破法属集中药包的中等爆破，适用于露天爆破阶梯高度3~8m的软岩石和中等坚硬岩层，坚硬或节理发育的岩层不宜采用。

5.洞室爆破法

洞室爆破法又称竖井法、蛇穴法，是在岩石内部开挖导洞和药室进行爆破。药室应在离底0.3~0.7m处，再开挖浅横洞装集中药包。蛇穴底部即为药室，导洞及药室用人力或机械打炮孔爆破方法进行，横洞用轻轨小平板车出渣；竖井用卷扬机、绞车或桅杆吊斗出渣。横洞堵塞长度不应小于洞高的3倍，堵塞材料用碎石和黏土的混合物，靠近药室处宜用黏土或砂土堵塞密实。本法操作简单，爆破效果比炮孔法高，节约劳动力，出渣容易，凿孔工作量少，技术要求不高，同时，不受炸药品种限制，可用黑火药。但开洞工作量大，较费时，排水、堵洞较困难，速度慢，比药壶法费工稍多，工效稍低。

洞室爆破法适于六类以上的较大量的坚硬石方爆破。竖井适于场地整平、基坑开挖松动爆破，蛇穴适于阶梯高不超过6m的软质岩石或有夹层的岩石松爆。

（二）爆破施工程序

水利工程施工中一般多采用炮眼法爆破，其施工程序大体为：炮孔位置选择、钻孔、制作起爆药包、装药与堵塞、起爆等。

1.炮孔位置选择

选择炮孔位置时应注意：炮孔方向尽量不要与最小抵抗线方向重合，以免产生冲天炮。充分利用地形或利用其他方法增加爆破的临空面，提高爆破效果。炮孔应尽量垂直于岩石的层面、节理与裂隙，且不要穿过较宽的裂缝，以免漏气。

2.钻孔

有人工钻孔和机械钻孔之分，工程中多用机械钻孔。浅孔作业一般采用轻型手提式风

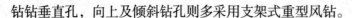

钻钻垂直孔，向上及倾斜钻孔则多采用支架式重型风钻。

3.制作起爆药包

（1）火线雷管的制作

将导火索和火雷管连接在一起，叫火线雷管。制作火线雷管应在专用房间内，禁止在炸药库、住宅、爆破工点进行。制作的步骤如下：

①检查雷管和导火索。

②按照需要长度，用锋利小刀切齐导火索，最短导火索长度不应小于60cm。

③把导火索插入雷管，直到接触火帽为止。不要猛插和转动。

④用铰钳夹夹紧雷管口，固定时，应使该钳夹的侧面与雷管口相平；若无铰钳夹，可用胶布包裹，严禁用嘴咬。

⑤在结合部包上胶布防潮。当火线雷管不马上使用时，导火索点火的一端也应包上胶布。

（2）电雷管检查

对于电雷管，应先做外观检查，把有擦痕、生锈，有铜绿，有裂隙或其他损坏的雷管剔除，再用爆破电桥或小型欧姆计进行电阻及稳定性检查。为了保证安全，测定电雷管的仪表输出电流不得超过50mA。如发现有不导电的情况，应作为不良的电雷管处理。

（3）制作起爆药包

起爆药包只许在爆破工点于装药前制作该次所需的数量，不得先做成成品备用。制作好的起爆药包应小心妥善保管，不得振动，亦不得抽出雷管。制作时，分如下几个步骤：

①解开药筒一端。

②用木棍轻轻地插入药筒中央，然后抽出，并将雷管插入孔内。

③易燃的硝化甘油炸药将雷管全部插入即可；对其他不易燃炸药，雷管应埋在接近药筒的中部。

4.装药、堵塞及起爆

在装药前首先了解炮孔的深度、间距、排距等，由此决定装药量。根据孔中是否有水，决定药包的种类或炸药的种类。同时，还要清除炮孔内的岩粉和水分。在装药前，先用硬纸或镀锌薄钢板在炮孔底部架空，形成聚能药包。炸药要分层用木棍压实，雷管的聚能穴指向孔底，雷管装在炸药全长的中部偏上处。在有水炮孔中装吸湿炸药时，注意不要将防水包装捣破，以免炸药受潮而拒爆。当孔深较大时，药包要用绳子吊下，不允许直接向孔内抛投，以免发生爆炸。

装药后即进行堵塞，对堵塞材料的要求是：与炮孔壁摩擦作用大，材料本身能结成一个整体，充填时易于密实，不漏气。可用1比2的黏土粗砂堵塞，堵塞物要分层用木棍压实。在堵塞过程中，注意不要将导火线折断或破坏导线的绝缘层。

上述工序完成后，方可起爆。

五、控制爆破

控制爆破是为达到一定预期目的的爆破，主要有定向爆破、预裂爆破、光面爆破、岩塞爆破、微差控制爆破、拆除爆破、静态爆破、燃烧剂爆破等。这里仅介绍水利工程常用的几种。

（一）定向爆破

定向爆破是一种加强抛掷爆破技术，它利用炸药爆炸能量的作用，在一定的条件下，可将一定数量的土岩经破碎后按预定的方向抛掷到预定地点，形成具有一定质量和形状的建筑物或开挖成一定断面的渠道。

在水利建设中，可以用定向爆破技术修筑土石坝、围堰、截流戗堤，以及开挖渠道、溢洪道等。在一定条件下，采用定向爆破方法修建上述建筑物，较之用常规方法可缩短施工工期，节约劳力和资金。

定向爆破主要是使抛掷爆破最小抵抗线方向符合预定的抛掷方向，并且在最小抵抗线方向事先造成定向坑，利用空穴聚能效应，集中抛掷，这是保证定向的主要手段。在大多数情况下，造成定向坑的方法都是利用辅助药包，让它在主药包起爆前先爆，形成一个起走向坑作用的爆破漏斗。如果地形有天然的凹面可以利用，也可不用辅助药包。

（二）预裂爆破

进行石方开挖时，在主爆区爆破之前沿设计轮廓线先爆出一条具有一定宽度的贯穿裂缝，以缓冲、反射开挖爆破的振动波，控制其对保留岩体的破坏影响，使之获得较平整的开挖轮廓，此种爆破技术为预裂爆破。

在水利水电工程施工中，预裂爆破不仅在垂直、倾斜开挖壁面上得到广泛应用，在规则的曲面、扭曲面及水平建基面等也取得了一定成果。它对避免超挖、降低工程造价和缩短工期都有好处，应积极予以采用。

1.预裂爆破质量要求

预裂缝要贯通且在地表有一定开裂宽度，对于中等坚硬岩石，缝宽不宜小于1.0cm；坚硬岩石缝宽应在0.5cm左右；但在松软岩石上缝宽达到1.0cm时，减振作用并未显著提高，应多做些现场试验，以利于总结经验。

为防止主爆区爆破冲击波绕过预裂缝底部和两端，破坏保留岩体，预裂孔的深度比主爆区孔深大1.0~1.5m，预裂缝两端布孔的主爆区外延7~10m，预裂边线与主爆区距离为10倍孔径。

预裂面开挖后的不平整度不宜大于15cm。预裂面不平整度通常是指预裂孔所形成的

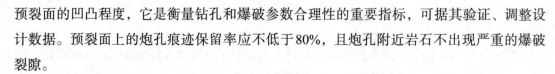

预裂面的凹凸程度，它是衡量钻孔和爆破参数合理性的重要指标，可据其验证、调整设计数据。预裂面上的炮孔痕迹保留率应不低于80%，且炮孔附近岩石不出现严重的爆破裂隙。

2.预裂爆破主要技术措施

炮孔直径一般为50~200mm，对深孔宜采用较大的孔径。

炮孔间距宜为孔径的8~12倍，坚硬岩石宜取小值。

不耦合系数建议取2~4，坚硬岩石取小值。

线装药密度一般取250~400g/m。

药包结构形式，较多的是将药卷分散绑扎在传爆线上。分散药卷的相邻间距不宜大于50cm且不大于药卷的殉爆距离。考虑到孔底的夹制作用较大，底部药包应加强，为线装药密度的2~5倍，高度为1~2m。

装药时距孔口1m左右的深度内不要装药，可用粗砂填塞，不必捣实。填塞段过短，容易形成漏斗，过长则不能出现裂缝。

（三）光面爆破

光面爆破也是控制开挖轮廓的爆破方法之一。与预裂爆破的不同之处在于，光爆孔的爆破在开挖主爆孔的药包爆破之后进行。它可以使爆裂面光滑平顺，超、欠挖均很少，能近似形成设计轮廓要求的爆破。光面爆破一般多用于地下工程的开挖，在露天开挖工程中用得比较少，只是在一些有特殊要求或者条件有利的地方使用。

（四）岩塞爆破

岩塞爆破是一种水下控制爆破。在已建成水库或天然湖泊内取水发电、灌溉、供水或泄洪时，为修建隧洞的取水工程，避免在深水中建造围堰，采用岩塞爆破是一种经济且有效的方法。它的施工特点是先从引水隧洞出口开挖，直到掌子面到达库底或湖底邻近，然后预留一定厚度的岩塞，待隧洞和进口控制闸门井全部建完后，一次将岩塞炸除，使隧洞和水库连通。

岩塞的布置应根据隧洞的使用要求、地形、地质因素来确定。岩塞宜选择在覆盖层薄、岩石坚硬完整且层面与进口中线交角大的部位，特别应避开节理、裂隙、构造发育的部位。岩塞的开口尺寸应满足进水流量的要求。岩塞厚度应为开口直径的1~1.5倍。太厚，难以一次爆通；太薄，则不安全。

水下岩塞爆破装药量计算，应考虑岩塞上静水压力的阻抗，用药量应比常规抛掷爆破药量增加20%~30%。为了控制进口形状，岩塞周边采用预裂爆破以减振防裂。

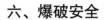

六、爆破安全

爆破工作的安全极为重要，从爆破材料的运输、储存、加工，到施工中的装填、起爆和销毁，均应严格遵守各项爆破安全技术规程。

（一）材料的储存与保管

爆破材料应储存在干燥、通风良好、相对湿度不大于65%的仓库内，库内温度应保持在18℃~30℃；周围5m内须清除一切树木和草皮。库房应有避雷装置。库内应有消防设施。

爆破材料仓库与民房、工厂、铁路、公路等应有一定的安全距离。炸药与雷管须分开储存，两库房的安全距离不应小于有关规定。同一库房内不同性质、批号的炸药应分开存放。严防虫鼠等啃咬。

炸药与雷管成箱堆放要平稳、整齐。成箱炸药宜放在木板上，堆摆高度不得超过1.7m，宽不超过2m，堆与堆之间应设不小于1.3m的通道，药堆与墙壁间的距离不应小于0.3m。

施工现场临时仓库内爆破材料严格控制储存数量，炸药不得超过3t，雷管不得超过10 000个。雷管应放在专用的木箱内，距离炸药不小于2m。

（二）装卸、运输与管理

爆破材料的装卸均应轻拿轻放，不得受到摩擦、振动、撞击、抛掷或转倒。堆放时要摆放平稳，不得散装、改装或倒放。爆破材料应使用专车运输，炸药与起爆材料、硝铵炸药与黑火药均不得在同一车辆、车厢装运。用汽车运输时，装载不得超过允许载重量的2/3，且行驶速度不应超过20km/h，车顶部须遮盖。用马车运输时，单车装载以300kg为限，双马车以500kg为限。人力运输不超过25kg。

（三）爆破安全要求

装填炸药应按照设计规定的炸药品种、数量、位置进行。装药要分次装入，用竹棍轻轻压实，不得用铁棒或用力压入炮孔内，不得用铁棒在药包上钻孔安设雷管或导爆索，必须用木或竹棒进行。当孔深较大时，药包要用绳子吊下，或用木制炮棍护送，不允许直接往孔内丢药包。

起爆药卷应设置在装药全长的1/3~1/2位置上，雷管应置于装药中心，聚能穴应指向孔底，导爆索只许用锋利刀一次切割好。遇有暴风雨或闪电打雷时，应禁止装药、安设电雷管和连接电线等操作。在潮湿条件下进行爆破时，药包及导火索表面应涂防潮剂加以保护，以防受潮失效。

爆破孔洞的堵塞应保证要求的堵塞长度，充填密实、不漏气。填充直孔可用干细砂、砂子、黏土或水泥等惰性材料。最好用1∶2~1∶3的泥砂混合物，含水量在20%，分层轻轻压实，不得用力挤压。水平炮孔和斜孔宜用2∶1土砂混合物，做成直径比炮孔小5~8mm、长100~150mm的圆柱形炮泥棒填塞密实。填塞长度应大于最小抵抗线长度的10%~15%，堵塞时，应注意勿捣坏导火索和雷管的线脚。

导火索长度应根据爆破员在完成全部炮眼和进入安全地点所需的时间来确定，其最短长度不得少于1m。

爆破时，应画出警戒范围，立好标志，现场人员应躲避到安全区域，并有专人警戒，以防爆破飞石、爆破地震、冲击波及爆破毒气对人身造成伤害。

（四）爆破防护

在基础或地面以上构筑物爆破时，可在爆破部位铺盖湿草垫或草袋做头道防线，再在其上铺放胶管帘或胶垫，外面再以帆布棚覆盖，用绳索拉住捆紧，以阻挡爆破碎块，降低声响。

离建筑物较近或附近有重要设备的地下设备基础爆破时，应采用橡胶防护垫或环索连接在一起的粗圆木、铁丝网、脚手板等掩盖其上防护。

对于一般破碎爆破，防飞石可用韧性好的铁丝爆破防护网、布垫、帆布、胶垫、旧布垫、荆笆、草垫、草袋或竹帘等做防护覆盖。

对平面结构如钢筋混凝土板或墙面的爆破，可在板上架设可拆卸的钢管架子，上盖铁丝网，然后上铺内装少量砂土的草包形成一个防护罩。

爆破时，为保护周围建筑物及设备不被打坏，可在其周围用厚5cm的木板加以掩护，并用铁丝捆牢，距炮孔距离不得小于50cm。若爆破体靠近钢结构或须保留部分，必须用沙袋加以保护，其厚度不小于50cm。

（五）瞎炮的处理

通过引爆而未能爆炸的药包叫瞎炮。处理之前，必须查明拒爆原因，然后根据具体情况慎重处理。

重爆法。瞎炮是由于炮孔外的电线电阻、导火索或电爆网路不合要求而造成的，经检查可燃性和导电性能完好，纠正后可以重新接线起爆。

诱爆法。当炮孔不深时，可用裸露爆破法炸毁；当炮孔较深时，可在炮孔近旁 60cm 处钻一与原炮孔平行的新炮孔，再重新装药起爆，将原瞎炮销毁。钻平行炮孔时，应将瞎炮的堵塞物掏出，插入一木棍，作为钻孔的导向标志。

掏炮法。可用木制或竹制工具，小心地将炮孔上部的堵塞物掏出；硝铵类炸药可用低压水浸泡并冲洗出整个药包，或以压缩空气和水混合物把炸药冲出来，将拒爆的雷管销毁，或将上部炸药掏出部分后，再重新装入起爆药包起爆。

在处理瞎炮时，严禁把带有雷管的药包从炮孔内拉出来，或者拉动电雷管上的导火索及雷管脚线、把电雷管从药包内拔出来或掏动药包内的雷管。

第四章 混凝土坝施工

随着我国经济水平和科学技术水平的不断提升，我国的水利工程行业也在高速发展，不管是在施工技术方面还是在管理方面都取得了极大的进步.在水利工程建设过程中，碾压混凝土就是非常常用的一种施工技术，尤其是在大坝建设中得到了广泛使用，碾压混凝土坝具有防溢流、防渗的效果，而且施工过程中可以实现高效的自动化施工，可以进一步缩短工期，大坝建设质量和效率更高。

第一节 混凝土生产与运输

一、砂石骨料生产

（一）砂石料料源的分类

水利水电工程砂石料料源有天然砂砾石骨料、人工骨料与工程开挖利用料，部分规模小、部位分散、距离长的工程也可结合当地商品砂石料生产情况直接采购成品骨料。一般情况下，各种料源均可生产粗细骨料，但根据料源骨料品质的不同，有的料源则只能用于生产粗骨料，采用何种骨料，一般取决于对料源的物理、化学试验结果。

（二）骨料生产流程

毛料都不能直接用于拌制混凝土，在骨料加工厂需要通过破碎、筛分、冲洗等加工过程，制成符合级配要求、除去杂质的各级粗、细骨料。

1.破碎

为了将开采的石料破碎到规定的粒径，往往需要经过几次破碎才能完成，因此，通常将骨料破碎过程分为粗碎、中碎和细碎。骨料用碎石机进行破碎。碎石机的类型有颚式碎石机、锥式碎石机、根式碎石机和锤式碎石机等。

2.筛分与冲洗

筛分是将天然或人工的混合砂石料按粒径大小进行分级，冲洗是在筛分过程中清除骨料中夹杂的泥土。骨料筛分作业的方法有机械和人工两种。大、中型工程一般采用机械筛

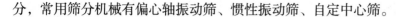

分，常用筛分机械有偏心轴振动筛、惯性振动筛、自定中心筛。

大、中型工程常设置筛分楼，利用楼内安装的2~4套筛、洗机械，专门对骨料进行筛分和冲洗的联合作业。

进入筛分楼的砂石混合料，首先经过预筛分，剔出粒径大于150mm的超径石。经过预筛分运来的砂石混合料，由皮带机输送至筛分楼，再经过两台筛分机筛分和冲洗，四层筛网可筛出五种粒径不同的骨料，即特大石、大石、中石、小石、砂子，其中特大石在最上一层筛网上不能过筛，首先被筛分出，砂子、淤泥和冲洗水则通过最下一层筛网进入沉砂箱，砂子落入洗砂机中，经淘洗后可得到清洁的砂。经过筛分的各级骨料，分别由皮带机运送到净料堆储存，以供混凝土制备的需要。

二、常态混凝土生产

混凝土生产系统一般由拌和楼及与其配套的辅助设施组成，包括混凝土原材料储运、二次筛分和冷却等设施。

（一）混凝土生产系统的规划

1.混凝土生产系统的设置

根据工程规模、施工组织的不同，水利水电工程可集中设置一个混凝土生产系统，也可设置两个以上的混凝土生产系统，分别按各自预定的供料对象和范围供应混凝土。

（1）混凝土生产系统集中设置

混凝土生产系统集中设置，一般用于混凝土建筑物较集中、混凝土运输线路短而流畅、河床一次截流的水利水电工程中。对一般中、小型水利水电工程，设置一个混凝土生产系统为工程所需混凝土集中生产和供料，可减少占地面积和土建工程量，节省工程投资，降低运行费用。

（2）分期设置

在河流流量大而宽阔的河段上筑坝，通常采用分期导流、分期施工方式。根据施工场地布置、骨料来源、混凝土运输、混凝土施工等具体情况，一般按施工阶段分期设置混凝土生产系统。

（3）分标段设置

有些建设单位将相对独立的水工建筑物单独招标，并在招标文件中要求中标单位规划建设相应混凝土生产系统，为本标段供应混凝土。混凝土生产系统在不同标段分别设置，有利于混凝土施工管理。

2.混凝土生产系统生产能力的确定

在工程施工阶段，混凝土生产系统生产能力一般根据施工组织安排的高峰月浇筑强度，计算混凝土生产系统小时生产能力。

3.混凝土生产系统的组成

根据混凝土施工和质量控制要求，设置混凝土生产系统车间。通常混凝土生产系统由拌和楼、骨料储运设施、胶凝材料储运设施、外加剂车间、冲洗筛分车间、预冷预热车间、空压站、实验室及其他辅助车间等组成。

（1）拌和楼

拌和楼是混凝土生产系统的主要部分，也是影响混凝土生产系统布置的关键设备。一般根据混凝土质量要求、浇筑强度、混凝土骨料最大粒径、混凝土品种和混凝土运输等要求选择拌和楼。

（2）骨料储运设施

骨料储运设施包括骨料输送和储存设施，按拌和楼生产要求，向拌和楼供应各种满足质量要求的粗细骨料。拌和楼一般采用轮换上料，净骨料供料点至拌和楼的输送距离宜在300m以内；当距离大于300m时，应在混凝土生产系统设置骨料调节堆。

（3）胶凝材料储运设施

混凝土生产系统胶凝材料储运设施一般包括水泥和粉煤灰两部分，与拌和楼距离不宜大于200m。大、中型水利水电工程一般不采用袋装水泥，混凝土生产系统应设置一定数量的散装水泥罐，采用气力输送。

（4）二次冲洗筛分车间

粗骨料在长距离运输和多次转储过程中，常常发生破碎和二次污染，为了满足骨料质量要求，一般在混凝土生产系统设置二次冲洗筛分设施，控制骨料超逊径含量，排除石渣石屑。

（5）实验室

混凝土生产系统应设置混凝土实验室，承担混凝土材料、混凝土拌和质量控制和检验任务。混凝土生产系统实验室建筑面积可按混凝土工程量来计算。

（6）外加剂车间

水利水电工程外加剂成品一般以浓缩液或固体形状运到工地，再配成液剂使用。固体浓缩外加剂在工地一般设置拆包、溶解、稀释、匀化稳定和输送几道工序。外加剂溶解后不能自流时，用提升泵输送至拌和楼，拌和楼外加剂储液罐应设置回液管至外加剂车间。

（7）其他辅助车间

根据工程需要，混凝土生产系统还设有汽车停车场、冲洗间、修理间、仓库、油库、调度控制室、配电所等，承担系统辅助生产任务。

（二）混凝土制备

混凝土制备的过程包括储料、供料、配料和拌和，其中配料和拌和是主要生产环节，也是质量控制的关键，要求品种无误、配料准确、拌和充分，制备过程应严格遵守签发的混凝土配料单，不得擅自更改。

混凝土配料用到的设备有给料设备、混凝土称量设备，称量的设备有简易称量、电动磅秤、自动配料杠杆秤、电子秤、配水箱及定量水表。

1.混凝土搅拌机

用搅拌机拌和混凝土较广泛，能提高拌和质量和生产率。拌和机械有自落式和强制式两种。自落式搅拌机是通过筒身旋转，带动搅拌叶片将物料提高，在重力作用下物料自由坠下，反复进行，互相穿插、翻拌、混合，使混凝土各组分搅拌均匀。强制式混凝土搅拌机一般筒身固定，搅拌机片旋转，对物料施加剪切、挤压、翻滚、滑动、混合作用，使混凝土各组分搅拌均匀。

搅拌机按施工组织设计确定的搅拌机安放位置安装，根据施工季节情况搭设搅拌机工作棚，棚外应挖有排除清洗搅拌机废水的排水沟，能保持操作场地的整洁。

搅拌机使用前应按照"十字作业法"（清洁、润滑、调整、紧固、防腐）的要求检查离合器、制动器、钢丝绳等各个系统和部位是否机件齐全、机构灵活、运转正常。

搅拌机在操作中应注意以下四个问题：

第一，使用前清洗搅拌筒，筒内加清水搅拌3min，然后将水放出，再可投料搅拌。

第二，开盘搅拌，为不改变混凝土设计配合比，补偿黏附在筒壁、叶片上的砂浆，第一盘应减少石子约30%，或多加水泥、砂各15%。

第三，普通混凝土一般采用一次投料法或两次投料法。一次投料法是按砂、水泥、石子的次序投料，并在搅拌的同时加入全部拌和水进行搅拌；二次投料法是先将石子投入拌和筒并加入部分拌和用水进行搅拌，清除前一盘拌和料黏附在筒壁上的残余，然后再将砂、水泥及剩余的拌和用水投入搅拌筒内继续拌和。

第四，混凝土应拌和均匀，颜色一致；拌和时间应通过试验确定。

2.混凝土拌和楼生产

在水利水电工程混凝土生产系统设计中，应根据混凝土生产要求选择类型适宜、能力匹配的拌和楼。一个混凝土生产系统拌和楼不宜超过三座，也不宜超过两种楼型。

（1）拌和楼生产能力的选取

拌和楼的生产能力在不同程度上受到骨料冷却、掺合料、混凝土坍落度、级配标号变换、机械电气设备的运行维修、控制系统等因素的影响。在确定拌和楼生产能力时，应按铭牌生产能力，根据使用条件进行核算，类比国内外相同楼型在相似使用条件下实际达到

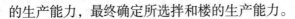

的生产能力，最终确定所选拌和楼的生产能力。

（2）拌和楼形式的选择

拌和楼根据结构布置类型可分为直立式、二阶式、移动式等三种，根据搅拌机配置可分为自落式、强制式及涡流式拌和楼。

直立式拌和楼是指拌和机、提升机、料仓等设备都安装在一个垂直的框架上，形成一个高大的塔状结构。这种拌和楼的优点是占地面积小，适合在空间有限的场地使用。缺点是结构高度大，需要较高的稳定性和抗风能力，而且提升机的运行速度和负荷会影响拌和效率。

二阶式拌和楼是指拌和机和提升机安装在一个较低的框架上，料仓则安装在另一个较高的框架上，两个框架之间用输送带或斗式提升机连接。这种拌和楼的优点是结构高度适中，稳定性和抗风能力较好，而且提升机的运行速度和负荷对拌和效率的影响较小。缺点是占地面积较大，需要较多的场地空间。

移动式拌和楼是指拌和机、提升机、料仓等设备都安装在一个可移动的平台上，可以随时调整位置和方向。这种拌和楼的优点是灵活性高，适合在不同的工程地点使用。缺点是结构复杂，移动过程中需要注意安全和平衡，而且移动频繁会增加设备的磨损和维护成本。

三、混凝土运输

混凝土运输是整个混凝土施工中的一个重要环节，对工程质量和施工进度影响较大。混凝土料在运输过程中应满足下列基本要求：

第一，运输设备应不吸水、不漏浆，运输过程中不发生混凝土拌和物分离、严重泌水及坍落度降低过多，并减少温度回升。

第二，同时运输两种以上强度等级的混凝土时，应在运输设备上设置明显标志，以免混淆。

第三，尽量缩短运输时间，减少转运次数。因故停歇过久，混凝土产生初凝时，应做废料处理。在任何情况下严禁中途加水后运入仓内。

第四，运输道路基本平坦，避免拌和物振动、离析、分层。

第五，混凝土运输工具及浇筑地点，必要时应有遮盖或保温设施，以避免因日晒、雨淋、受冻而影响混凝土的质量。

第六，混凝土拌和物自由下落高度以不大于2m为宜，超过此界限时应采用缓降措施，防止骨料分离。

混凝土运输包括两个过程：一是从拌和机前到浇筑仓前，主要是水平运输；二是从浇筑仓前到仓内，主要是垂直运输。混凝土运输方案的选用应保证混凝土质量，并根据混凝土浇筑方案、施工特点、地形条件及施工总布置，通过技术经济比较后确定。

（一）混凝土水平运输

水利水电工程中常用的混凝土水平运输方案如下：

1. 自卸汽车运输

（1）自卸汽车—栈桥—溜筒

用组合钢筋柱或预制混凝土柱做立柱，用钢轨梁和模板做桥面构成栈桥，下挂溜筒，自卸汽车通过溜筒入仓。它要求坝体能比较均匀地上升，浇筑块之间高差不大。这种方式可从拌和楼一直运至栈桥卸料，生产率高。

（2）自卸汽车—履带式起重机

自卸汽车自拌和楼受料运至基坑后转至混凝土卧罐，再用履带式起重机吊运入仓。履带式起重机可利用土石方机械改装。

（3）自卸汽车—溜槽

自卸汽车转溜槽入仓适用于狭窄、深塘混凝土回填，斜溜槽的坡度一般在 1∶1 左右，混凝土的坍落度一般为 6cm 左右，每道溜槽控制的浇筑宽度为 5~6m。

（4）自卸汽车直接入仓

端进法。端进法是在刚捣实的混凝土面上铺厚 6~8mm 的钢垫板，自卸汽车在其上驶入仓内卸料浇筑，浇筑层厚度不超过 1.5m。端进法要求混凝土坍落度小于 3~4cm，最好是干硬性混凝土。

端退法。自卸汽车在仓内已有一定强度的老混凝土面上行驶。汽车铺料与平仓振捣互不干扰，且因汽车卸料定点准确，平仓工作量也较小。老混凝土的龄期应依据施工条件通过试验确定。

用汽车运输混凝土时，应遵守下列技术规定：装载混凝土的厚度不应小于 40cm，车厢应严密平滑，砂浆损失应控制在 1% 以内；每次卸料，应将所载混凝土卸净，并应及时清洗车厢，以免混凝土黏附；以汽车运输混凝土直接入仓时，应有确保混凝土质量的措施。

2. 皮带机运输

皮带机运送混凝土有固定式和移动式两种。

固定式皮带机是用钢筋柱支撑皮带机通过仓面，每台皮带机控制浇筑宽度 5~6m，这种布置方式每次浇筑高度约 10m。为使混凝土比较均匀地分料入仓，每台皮带机上每间隔 6m 装置一个固定式或移动式刮板，混凝土经溜槽或溜筒入仓。

移动式皮带机用布料机与仓面上的一条固定皮带机正交布置，混凝土通过布料机接溜筒入仓。

3.混凝土搅拌运输车

混凝土搅拌运输车是运送混凝土的专用设备。它的特点是在运量大、运距远的情况下，能保证混凝土的质量均匀，一般在混凝土制备点与浇筑点距离较远时使用。

（二）混凝土垂直运输

1.履带式起重机

履带式起重机多由开挖石方的挖掘机改装而成，直接在地面上开行，无需轨道。它的提升高度不大，控制范围比门机小，但起重量大，转移灵活，适应工地狭窄的地形，在开工初期能及早投入使用，生产率高。该机适用于浇筑高程较低的部位。

2.门式起重机

门式起重机是一种大型移动式起重设备。它的下部为一钢结构门架，门架底部装有车轮，可沿轨道移动。门架下有足够的净空，能并列通行两列运输混凝土的平台列车。该机运行灵活、移动方便，起重臂能在负荷下水平转动，但不能在负荷下变幅，变幅是在非工作时利用钢索滑轮组使起重臂改变倾角来完成。

3.塔式起重机

塔式起重机是在门架上装置高达数十米的钢架塔身，用以增加起吊高度。其起重臂多是水平的，起重小车钩可沿起重臂水平移动，用以改变起重幅度。为增加门、塔机的控制范围和增大浇筑高度，为混凝土起重运输提供开行线路，使之与浇筑工作面分开，常须布置栈桥。

栈桥桥墩结构有混凝土墩、钢结构墩、预制混凝土墩块等。为节约材料，常把起重机安放在已浇筑的坝身混凝土，即所谓"蹲块"上来代替栈桥。随着坝体上升，分次倒换位置或预先浇好混凝土墩作为栈桥墩。

4.缆式起重机

缆式起重机由一套凌空架设的缆索系统、起重小车、主塔架、副塔架等组成。主塔内设有机房和操纵室。缆索系统包括承重索、起重索、牵引索和各种辅助索。承重索两端系在主塔和副塔的顶部，承受很大的拉力，通常用高强钢丝束制成，是缆索系统中的主起重索，垂直方向设置升降起重钩，牵引起重小车沿承重索移动。塔架为三角形空间结构，分别布置在两岸缆机平台上。缆机的类型一般按主、副塔的移动情况划分，有固定式、平移式和辐射式三种。

缆机适用于狭窄河床的混凝土坝浇筑。它不仅具有控制范围大、起重量大、生产率高的特点，而且能提前安装和使用，使用期长，不受河流水文条件和坝体升高的影响，对加快主体工程施工具有明显的作用。

第二节 坝体混凝土浇筑

一、混凝土坝分缝分块

混凝土坝施工中，由于受到温度应力、混凝土浇筑能力的限制，整个坝段不可能连续不断地一次浇筑完毕，因此，需要用垂直于坝轴线的横缝、平行于坝轴线的纵缝及水平缝，将坝体划分为许多浇筑块进行浇筑。分缝方式有垂直纵缝法、错缝法、斜缝法、通缝法等。

（一）纵缝法

纵缝法是用垂直纵缝把坝段分成独立的柱状体，因此又叫柱状分块法。它的优点是容易控制温度，混凝土浇筑工艺较简单，各柱状块可分别上升，彼此干扰小，施工安排灵活；但为保证坝体的整体性，必须进行接缝灌浆，模板工作量大，施工复杂。纵缝间距一般为20~40m，以便降温后接缝有一定的张开度，便于接缝灌浆。

为了传递剪应力的需要，要在纵缝面上设置键槽，并需要在坝体到达稳定温度后进行接缝灌浆，以增加其传递剪应力的能力，提高坝体的整体性和刚度。

（二）错缝法

错缝法又称砌砖法。分块时将块间纵缝错开，互不贯通，故坝的整体性好，方便进行纵缝灌浆。但由于浇筑块相互搭接，施工干扰很大，施工进度较慢，同时在端部因应力集中容易开裂。

（三）斜缝法

斜缝一般沿平行于坝体第二主应力方向设置，缝面剪应力很小，只要设置缝面键槽，不必进行接缝灌浆，采用斜缝法往往是为了便于坝内埋管的安装，或利用斜缝形成临时挡洪面的。但斜缝法施工干扰大，斜缝顶并缝处容易产生应力集中，斜缝前后浇筑块的高差和温差必须严格控制，否则会产生很大的温度应力。

（四）通缝法

通缝法即通仓浇筑法，它不设纵缝，混凝土浇筑按整个坝段分层进行；一般无须埋设冷却水管。同时，由于浇筑仓面大，便于大规模机械化施工，简化了施工程序，特别是大量减少模板作业工作量，施工速度快。但因其浇筑块长度大，容易产生温度裂缝，所以对温度控制要求比较严格。

二、混凝土浇筑

（一）混凝土浇筑前准备

混凝土施工准备工作的主要项目有基础处理，施工缝处理，设置卸料入仓的辅助设备，模板、钢筋的架设，预埋件及观测设备的埋设，施工人员的组织，浇筑设备及其辅助设施的布置，浇筑前的检查验收等。

1.基础处理

土基应先将开挖基础时预留下来的保护层挖除并清除杂物，然后用碎石垫底，盖上湿砂，再进行压实，浇8~12cm厚的素混凝土垫层。砂砾地基应清除杂物，整平基础面，并浇筑10~20cm厚素混凝土垫层。

对于岩基，一般要求清除到质地坚硬的新鲜岩面，然后进行整修。整修是用铁锹等工具去掉表面松软岩石、棱角和反坡，并用高压水冲洗，压缩空气吹扫。若岩面上有油污、灰浆及其黏结的杂物，还应采用钢丝刷反复刷洗，直至岩面清洁为止。清洗后的岩基在混凝土浇筑前应保持洁净和湿润。

当有地下水时，要认真处理，否则会影响混凝土的质量。处理方法是：做截水墙，拦截渗水，引入集水井排出；对基岩进行必要的固结灌浆，以封堵裂缝，阻止渗水；沿周边打排水孔，导出地下水，在浇筑混凝土时埋管，用水泵抽出孔内积水，直至混凝土初凝，7d后灌浆封孔；将底层砂浆和混凝土的水灰比适当降低。

2.施工缝处理

施工缝是指浇筑块之间新老混凝土之间的结合面。为了保证建筑物的整体性，在新混凝土浇筑前，必须将老混凝土表面的水泥膜清除干净，并使其表面新鲜整洁、有石子半露的麻面，以利于新老混凝土的紧密结合。但对于要进行接缝灌浆处理的纵缝面，可不凿毛，冲洗干净即可。

3.仓面准备

浇筑仓面的准备工作，包括机具设备和劳动力组合、照明、风水电供应、混凝土原材料准备等，应事先安排就绪；应检查仓面施工的脚手架、工作平台、安全网、安全标识等是否牢固，电源开关、动力线路是否符合安全规定。

仓位的浇筑高程、上升速度、特殊部位的浇筑方法和质量要求等技术问题，须事先进行技术交底。地基或施工缝处理完毕并养护一定时间，已浇好的混凝土强度达到2.5MPa后即可在仓面进行放线，安装模板、钢筋和预埋件，架设脚手架等作业。

4.模板、钢筋及预埋件检查

开仓浇筑前，必须按照设计图纸和施工规范的要求，对仓面安设的模板、钢筋及预埋件进行全面检查验收，签发合格证。

（二）入仓铺料

开始浇筑前，要在岩面或老混凝土面上先铺一层2~3cm厚的水泥砂浆，或同等强度的小级配混凝土或富砂浆混凝土，以保证新混凝土与基岩或老混凝土结合良好。砂浆的水灰比应较混凝土水灰比减少0.03~0.05。混凝土的浇筑应按一定厚度、次序、方向分层推进。铺料厚度应根据拌和能力、运输距离、浇筑速度、气温及振捣器的性能等因素确定。

1.平层浇筑法

平层浇筑法是混凝土按水平层连续逐层铺填，第一层浇完后再浇第二层，以此类推，直至达到设计高度。平层浇筑法浇筑层之间的接触面积大，应注意防止出现冷缝。

平层浇筑法实际应用较多，有以下特点：

①铺料的接头明显，混凝土便于振捣，不易漏振。

②能较好地保持老混凝土面的清洁，保证新老混凝土之间的结合质量。

③适用于不同坍落度的混凝土。

④适用于有廊道、竖井、钢管等结构的混凝土。

2.斜层浇筑法

当浇筑仓面面积较大，而混凝土拌和、运输能力有限，采用平层浇筑法容易产生冷缝时，可用斜层浇筑法和台阶浇筑法。

斜层浇筑法是在浇筑仓面从一端向另一端推进，推进中应及时覆盖，以免发生冷缝。斜层坡度不超过10°，否则在平仓振捣时易使砂浆流动、骨料分离，下层已捣实的混凝土也可能产生错动，浇筑块高度一般限制在1.5m左右。当浇筑块较薄且对混凝土采取预冷措施时，斜层浇筑法是较常见的方法，因浇筑过程中混凝土冷量损失较小。

3.台阶浇筑法

台阶浇筑法是从块体短边一端向另一端铺料，边前进，边加高，逐步向前推进并形成明显的台阶，直至把整个仓位浇到收仓高程。浇筑坝体迎水面仓位时，应顺坝轴线方向铺料。

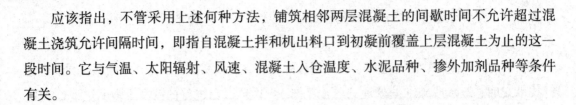

应该指出，不管采用上述何种方法，铺筑相邻两层混凝土的间歇时间不允许超过混凝土浇筑允许间隔时间，即指自混凝土拌和机出料口到初凝前覆盖上层混凝土为止的这一段时间。它与气温、太阳辐射、风速、混凝土入仓温度、水泥品种、掺外加剂品种等条件有关。

（三）平仓

平仓是把卸入仓内成堆的混凝土摊平到要求的均匀厚度。平仓不好会造成离析，使骨料架空，严重影响混凝土质量。

1.人工平仓

人工平仓用铁锹，平仓距离不超过3m。只适用以下场合：

①在靠近模板和钢筋较密的地方，用人工平仓，使石子分布均匀。

②水平止水、止浆片底部要用人工送料填满，严禁料罐直接下料，以免止水、止浆片卷曲和底部混凝土架空。

③门槽、机组预埋件等空间狭小的二期混凝土用人工平仓。

④预埋件、观测设备周围用人工平仓，防止位移和损坏。

2.振捣器平仓

振捣器平仓时应将振捣器斜插入混凝土料堆下部，使混凝土向操作者位置移动，然后一次一次地插向料堆上部，直至混凝土摊平到规定的厚度为止。如将振捣器垂直插入料堆顶部，平仓工效固然较高，但易造成粗骨料沿锥体四周下滑，砂浆则集中在中间形成砂浆窝，影响混凝土匀质性。经过振动摊平的混凝土表面可能已经泛出砂浆，但内部并未完全捣实，切不可将平仓和振捣合二为一，影响浇筑质量。

（四）振捣

振捣是振动捣实的简称，它是保证混凝土浇筑质量的关键工序。振捣的目的是尽可能减少混凝土中的空隙，以清除混凝土内部的孔洞，并使混凝土与模板、钢筋及预埋件紧密结合，从而保证混凝土的最大密实度，提高混凝土质量。

（五）混凝土养护

混凝土浇筑完毕后，在一个相当长的时间内，应保持其适当的温度和足够的湿度，以形成混凝土良好的硬化条件。这就是混凝土的养护工作。混凝土表面水分不断蒸发，如不设法防止水分损失，水化作用未能充分进行，混凝土的强度将受到影响，还可能产生干缩裂缝。因此，混凝土养护的目的一是创造有利条件，使水泥充分水化，加速混凝土的硬化；二是防止混凝土成形后因曝晒、风吹、干燥等自然因素影响，出现不正常的收缩、裂缝等现象。混凝土的养护方法分为自然养护和热养护两类，养护时间取决于当地气温、水泥品种和结构物的重要性。

（六）混凝土冬季施工

1.混凝土冬季施工的一般要求

现行施工规范规定：日平均气温连续5天稳定在5℃以下或最低气温连续5天稳定在-3℃以下时，应按低温季节施工，避免混凝土受到冻害。

混凝土在低温条件下，水化凝固速度大为降低，强度增长受到阻碍。当气温在-2℃时，混凝土内部水分结冰，不仅水化作用完全停止，而且结冰后由于水的体积膨胀，使混凝土结构受到损害，当冰融化后，水化作用虽将恢复，混凝土强度也可继续增长，但最终强度必然降低。试验资料表明，混凝土受冻越早，最终强度降低越大：如在浇筑后3~6h受冻，最终强度至少降低50%；如在浇筑后2~3d受冻，最终强度降低只有15%~20%；如混凝土强度达到设计强度的50%以上时再受冻，最终强度则降低极小，甚至不受影响。因此，低温季节混凝土施工，首先要防止混凝土早期受冻。

2.冬季施工措施

低温季节混凝土施工可以采用人工加热、保温蓄热及加速凝固等措施，使混凝土入仓浇筑温度不低于5℃；同时，保证混凝土浇筑后的正温养护条件，在未达到允许受冻临界强度以前不遭受冻结。

3.冬季施工注意事项

①砂石骨料宜在进入低温季节前筛洗完毕。成品料堆应有足够的储备和堆高，并进行覆盖，以防冰雪和冻结。

②拌和混凝土前，应用热水或蒸汽冲洗搅拌机，并将水或冰排除。

③混凝土的拌和时间应比常温季节适当延长，延长时间应通过试验确定。

④在岩石基础或老混凝土面上浇筑混凝土前，应检查其温度。如为负温，应将其加热成正温。加热深度不小于10cm，经验证合格方可浇筑混凝土。仓面清理宜采用喷洒温水配合热风枪，寒冷期间也可采用蒸汽枪，不宜采用水枪或风水枪。在软基上浇筑第一层混凝土时，必须防止与地基接触的混凝土遭受冻害和地基受冻变形。

⑤混凝土搅拌机应设在搅拌棚内并设有采暖设备，棚内温度应高于5℃。混凝土运输容器应有保温装置。

⑥浇筑混凝土前和浇筑过程中，应注意清除钢筋、模板和浇筑设施上附着的冰雪和冻块，严禁将冻雪冻块带入仓内。

⑦在低温季节施工的模板，一般在整个低温期间都不宜拆除。如果需要拆除，要求混凝土强度必须大于允许受冻的临界强度。具体拆模时间及拆模后的要求，应满足温控防裂

要求。当预计拆模后混凝土表面降温可能超过6~9℃时，应推迟拆模时间，如必须拆模，应在拆模后采取保护措施。低温季节施工期间，应特别注意温度检查。低温季节施工，尤其在严寒和寒冷地区，施工部位不宜分散。混凝土采用蒸汽加热或电热法施工时，应按专项技术要求进行。

（七）混凝土雨季施工

混凝土工程在雨季施工时，应做好以下准备工作：

①砂石料场的排水设施应畅通无阻。

②浇筑仓面宜有防雨设施。

③运输工具应有防雨及防滑设施。

④加强骨料含水量的测定工作，注意调整拌和用水量。

混凝土在小雨中进行浇筑时，应采取以下技术措施：

①减少混凝土拌和用水量。

②加强仓面积水的排除工作。

③做好新浇混凝土面的保持工作。

④防止周围雨水流入仓面。

无防雨棚的仓面，在浇筑过程中，如遇大雨、暴雨，应立即停止浇筑，并遮盖混凝土表面。雨后必须先行排除仓内积水，受雨水冲刷的部位应立即处理。如停止浇筑的混凝土尚未超出允许间歇时间或还能重塑，应加砂浆继续浇筑；否则应按施工缝处理。抗冲、耐磨、需要抹面部位及其他高强度混凝土不允许在雨下施工。

（八）混凝土夏季施工

现行施工规范规定：当昼夜平均气温高于30℃时，就需要对原材料、运输设备、模板等采取相应的防晒保温措施。

1.高温环境对新拌及刚成形混凝土的影响

①拌制时，水泥容易出现假凝现象。

②运输时，坍落度损失大，捣固或泵送困难。

③成形后直接曝晒或受干热风影响，混凝土面层急剧干燥，外硬内软，容易出现塑性裂缝。

④昼夜温差较大，易出现温差裂缝。

2.夏季高温期混凝土施工的技术措施

①原材料：掺用外加剂；用水化热低的水泥；供水管入水中，储水池加盖，避免

太阳直接曝晒；当天用的砂、石用防晒棚遮蔽；用深井冷水或冰水拌和，但不能直接加入冰块。

②搅拌运输：送料装置及搅拌机不宜直接曝晒，应有荫棚，搅拌系统尽量靠近浇筑地点，将运输设备就地遮盖。

③模板：因干缩出现的模板裂缝，应及时填塞。浇筑前充分将模板淋湿。

④浇筑：适当减小浇筑层厚度，从而减少内部温差。浇筑后立即用薄膜覆盖，不使水分外逸。露天预制场宜设置可移动荫棚，避免制品直接曝晒。

三、混凝土施工质量控制

混凝土工程质量包括结构外观质量和内在质量，前者指结构的尺寸、位置、高程等，后者则指混凝土原材料、设计配合比、配料、拌和、运输、浇捣等方面。

（一）原材料的控制检查

1.水泥

水泥是混凝土主要胶凝材料，水泥质量直接影响混凝土的强度及其性质的稳定性。运至工地的水泥应有生产厂家品质试验报告，工地试验室必须进行复验，必要时还要进行化学分析。进场水泥每200~500t同品种、同标号的水泥做一取样单位，不足200t也可作为一取样单位。可采用机械连续取样，混合均匀后作为样品，其总量不少于10kg。检查的项目有水泥标号、凝结时间、体积安定性。必要时应增加稠度、细度、密度和水化热试验。

2.粉煤灰

粉煤灰每天至少检查一次细度和需水量比。

3.砂石骨料

在筛分场每班检查一次各级骨料超逊径、含泥量、砂子的细度模数。在拌和厂检查砂子、小石的含水量，砂子的细度模数，以及骨料的含泥量、超逊径。

4.外加剂

外加剂应有出厂合格证，并经试验认可。

5.混凝土拌和物

拌制混凝土时，必须严格遵守试验室签发的配料单进行称量配料，严禁擅自更改。控制检查的项目有以下五项：

①衡器的准确性。各种称量设备应经常检查，确保称量准确。

②拌和时间。每班至少抽查两次拌和时间，保证混凝土充分拌和、拌和时间符合要求。

③拌和物的均匀性。混凝土拌和物应均匀，经常检查其均匀性。

④坍落度。每班应在机口检查四次现场混凝土坍落度。

⑤取样检查。按规定在现场取混凝土试样做抗压试验，检查混凝土的强度。

（二）混凝土浇捣质量的控制检查

1.混凝土质量检查内容

混凝土外观质量主要检查表面平整度、麻面、蜂窝、空洞、露筋、碰损掉角、表面裂缝等。重要工程还要检查内部质量缺陷。

2.混凝土质量缺陷及防治

（1）麻面

麻面是指混凝土表面呈现出无数绿豆大小的不规则的小凹点。

混凝土麻面产生的原因有：①模板表面粗糙、不平滑；②浇筑前没有在模板上洒水湿润，湿润不足，浇筑时混凝土的水分被模板吸去；③涂在钢模板上的油质脱模剂过厚，液体残留在模板上；④使用旧模板，板面残浆未清理或清理不彻底；⑤新拌混凝土浇灌入模后，停留时间过长，振捣时已有部分凝结；⑥混凝土振捣不足，气泡未完全排出，有部分留在模板表面；⑦模板拼缝漏浆，构件表面浆少，或成为凹点，或成为若断若续的凹线。

混凝土麻面的预防措施有：①模板表面应平滑；②浇筑前，不论是哪种模型，均须浇水湿润，但不得积水；③脱模剂涂擦要均匀，模板有凹陷时，注意将积水拭干；④旧模板残浆必须清理干净；⑤新拌混凝土必须按水泥或外加剂的性质，在初凝前振捣；⑥尽量将气泡排出；⑦浇筑前先检查模板拼缝，对可能漏浆的缝设法封嵌。

混凝土麻面的修补。混凝土表面的麻点如对结构无大影响，可不做处理，如须处理，方法如下：①用稀草酸溶液将该处脱模剂油点或污点用毛刷洗净，在修补前用水湿透；②修补用的水泥品种必须与原混凝土一致，砂子为细砂，粒径最大不宜超过1mm；③水泥砂浆配合比为1∶2~1∶2.5，由于数量不多，可用人工在小灰桶中拌匀，随拌随用；④按照漆工刮腻子的方法，将砂浆用刮刀大力压入麻点内，随即刮平；⑤修补完成后，即用草帘或草席进行保湿养护。

（2）蜂窝

蜂窝是指混凝土表面无水泥浆，形成蜂窝状的孔洞，形状不规则，分布不均匀，露出石子深度大于5mm，不露主筋，但有时可能露箍筋。

混凝土蜂窝产生的原因有：①配合比不准确，砂浆少，石子多；②搅拌用水过少；③混凝土搅拌时间不足，新拌混凝土未拌匀；④运输工具漏浆；⑤使用干硬性混凝土，但振捣不足；⑥模板漏浆，加上振捣过度。

混凝土蜂窝的预防方法是：①砂率不宜过小；②计量器具应定期检查；③用水量如少

于标准，应掺用减水剂；④搅拌时间应足够；⑤注意运输工具的完好性，及时修理；⑥捣振工具的性能必须与混凝土的坍落度相适应；⑦浇筑前必须检查和嵌填模板拼缝，并浇水湿润；⑧浇筑过程中有专人巡视模板。

混凝土蜂窝修补如系小蜂窝，可按麻面方法修补；如系较大蜂窝，按以下方法修补：①将修补部分的软弱部分凿去，用高压水及钢丝刷将基层冲洗干净；②修补用的水泥应与原混凝土的一致，砂子用中粗砂；③水泥砂浆的配合比为 1 ：2~1 ：3，应搅拌均匀；④按照抹灰工的操作方法，用抹子大力将砂浆压入蜂窝内刮平，在棱角部位用靠尺将棱角取直；⑤修补完成后即用草帘或草席进行保湿养护。

（3）混凝土露筋、空洞

主筋没有被混凝土包裹而外露，或在混凝土孔洞中外露的缺陷称为露筋。混凝土表面有超过保护层厚度但不超过截面尺寸1/3的缺陷，称为空洞。

混凝土出现露筋、空洞的原因有：①漏放保护层垫块或垫块位移；②浇灌混凝土时投料距离过高过远，又没有采取防止离析的有效措施；③搅拌机卸料入吊斗或小车时，或运输过程中有离析，运至现场又未重新搅拌；④钢筋较密集，粗骨料被卡在钢筋上，加上振捣不足或漏振；⑤采用干硬性混凝土而又振捣不足。

露筋、空洞的预防措施有：①浇筑混凝土前应检查垫块情况；②应采用合适的混凝土保护层垫块；③浇筑高度不宜超过2m；④浇灌前检查吊斗或小车内混凝土有无离析；⑤搅拌站要按配合比规定的规格使用粗骨料；⑥如为较大构件，振捣时由专人在模板外用木槌敲打，协助振捣；⑦构件的结点、柱的牛腿、桩尖或桩顶、有抗剪筋的吊环等处钢筋较密，应特别注意捣实；⑧加强振捣；⑨模板四周用人工协助捣实，如为预制构件，在钢模周边用抹子插捣。

混凝土露筋、空洞的处理措施：①将修补部位的软弱部分及突出部分凿去，上部向外倾斜，下部水平；②用高压水及钢丝刷将基层冲洗干净，修补前用湿麻袋或湿棉纱头填满，使旧混凝土内表面充分湿润；③修补用的水泥品种应与原混凝土的一致，小石混凝土强度等级应比原设计高一级；④如条件许可，可用喷射混凝土修补；⑤安装模板浇筑；⑥混凝土可加微量膨胀剂；⑦浇筑时外部应比修补部位稍高；⑧修补部分达到结构设计强度时凿除外倾面。

（4）混凝土施工裂缝

混凝土施工裂缝产生的原因：①曝晒或风大，水分蒸发过快，出现的塑性收缩裂缝；②混凝土塑性过大，成形后发生沉陷不均匀，出现的塑性沉陷裂缝；③配合比设计不当引起的干缩裂缝；④骨料级配不良，又未及时养护引起的干缩裂缝；⑤模板支撑刚度不足，或拆模工作不慎，受外力撞击而产生的裂缝。

（5）混凝土空鼓

混凝土空鼓常发生在预埋钢板下面，产生的原因是浇灌预埋钢板混凝土时，钢板底部未饱满或振捣不足。

预防方法：①如预埋钢板不大，浇灌时用钢棒将混凝土尽量压入钢板底部，浇筑后用敲击法检查；②如预埋钢板较大，可在钢板上开几个小孔排除空气，也可做观察孔。

混凝土空鼓的修补：①在板外挖小槽坑，将混凝土压入，直至饱满、无空鼓声为止；②如钢板较大或估计空鼓较严重，可在钢板上钻孔，用灌浆法将混凝土压入。

（6）混凝土强度不足

混凝土强度不足产生的原因：①配合比计算错误；②水泥出厂期过长，或受潮变质，或袋装重量不足；③粗骨料针片状较多，粗、细骨料级配不良或含泥量较多；④外加剂质量不稳定；⑤搅拌机内残浆过多，或传动带打滑，影响转速；⑥搅拌时间不足；⑦用水量过大，或砂、石含水率未调整，或水箱计量装置失灵；⑧秤具或称量斗损坏，不准确；⑨运输工具灌浆，或经过运输后严重离析；⑩振捣不够密实。

混凝土强度不足是质量上的大事故。处理方案由设计单位决定。通常处理方法有以下三种：

①强度相差不大时，先降级使用，待龄期增加、混凝土强度发展后，再按原标准使用。

②强度相差较大时，经论证后采用水泥灌浆或化学灌浆补强。

③强度相差较大而影响较大时，拆除返工。

四、混凝土坝接缝灌浆

混凝土坝用纵缝分块进行浇筑，有利于坝体温度控制和浇筑块分别上升，但为了坝的整体性，必须对纵缝进行接缝灌浆，纵缝属于临时施工缝。坝体横缝是否进行灌浆视坝型和设计要求而异。重力坝的横缝一般为永久温度沉陷缝；拱坝和重力拱坝的横缝属于临时施工缝，临时施工的横缝要进行接缝灌浆。

（一）接缝灌浆管路埋设

混凝土坝的接缝灌浆，需要在缝面上预埋灌浆系统。根据缝的面积大小，将缝面以上划分为若干灌浆区。每一灌浆区高10~15m、面积200~300m²，四周用止浆片盘自成一套灌浆系统。灌浆时利用预埋在坝体内的进浆管、回浆管、支管及出浆盒向缝送水泥浆，迫使缝中空气从排气槽、排气管排出，直至灌满设计稠度的水泥浆为止。

接缝灌浆的设备有拌浆筒、灌浆机及压力表等，一般布置在灌浆廊道之内。预埋的灌

浆系统主要包含以下三个部分：

①止浆片。沿每一灌浆区四周埋设，一般用镀锌铁皮或塑料止水片跨过接缝埋入混凝土中，防止浆液外溢。

②灌浆管路。包括进浆管、回浆管、支管、出浆盒等，支管间距2m，支管上每1~3m有一孔洞，其上安装出浆盒。出浆盒由喇叭形出浆孔和盒盖组成，分别位于缝面两侧浇筑块中，在进行后浇块施工时，盒盖要盖紧出浆孔，并在孔边钉上铁钉，以防止浇筑时堵塞。后接缝张开，盒盖也相应张开以保证出浆。

③排气槽和排气管。排气槽断面为三角形，水平设于每一灌浆区的顶端，并通过排气管和灌浆廊道相通，其作用是在灌浆过程中排出缝中气体，排出部分缝面浆液，据以判断接缝灌浆情况，保证灌浆质量。

（二）接缝灌浆施工

1.通水检查

通水检查的主要目的是查明灌浆管道及缝面的通畅情况，以及灌区是否外漏，从而为分析接缝可灌性及事故处理提供依据，其步骤及要求如下：

（1）单开式通水检查

分别从两进浆管进水，随即将其他管口关闭，依次有一个管口开放，在进水管口达设计压力的情况下，测定各个管口的单开出水率，其通畅标准是进水率大于70L/min，单开出水率大于50L/min。若管口出水率大于50L/min，可结束单开式通水检查；若管口出水率小于50L/min，则应从该管口进水，测定其余管口出水量和关闭压力，以便查清管和缝面情况。

（2）封闭式通水检查

从一通畅进浆管口进水，其他管口关闭，待排水管口达到设计压力时，测定各项漏水量，并观察外漏部位，灌区封闭标准为稳定漏水率小于15L/min，串层漏水率及串块漏水率分别小于5L/min。

（3）缝面充水浸泡及冲洗

每一接缝灌浆前应对缝面进行浸泡，浸泡时间一般不少于24h，然后用风水轮换冲洗各管道及缝面，直至排气管回清水，当水质清洁无悬浮或沉淀物时方能灌浆。

（4）灌浆前预习性压水检查

采用灌浆压力压水检查，其目的是选择与缝面排气管较为通畅的进浆管和回浆管环线路。核实接缝容积、各管口单开出水量与压力、漏水量等数值，同时检查灌浆运行的可靠性。

2.接缝灌浆的程序和方法步骤

接缝灌浆的整个施工程序包括缝面冲洗、压水检查、灌浆区事故处理、灌浆、进浆结束。其中灌浆工序本身是由稠度较稀的初始浆液开灌，经中级浆液变换为最终浆液，直到进浆结束。

初始浆液稠度较稀，主要是润湿管路及缝面，并排出缝中大部分空气；中级浆液主要起过渡作用，但也可以充填一些较细的裂缝；最终浆液用来最后充填接缝，保证设计要求的稠度。在灌浆过程中，各级浆液的变换可由排气管口控制。开灌时，最先灌入初始浆液，当排气管口出浆 3~5min 后，即可改换中级浆液；当排气管口出浆稠度与注入浆液稠度接近时，即可改换最终浆液。由此可知，排气管间断放浆是为了变换浆液的需要，即排出空气和稀浆，并保持缝面畅通。在此阶段，还应适当地采取沉淀措施，即暂时关闭进浆阀门，停止向缝内进浆 5~30min，使缝内浆液变浓，并消除可能形成的气泡。这种沉淀措施在施工中又称为间断进浆。

灌浆转入结束阶段的标准是排气管出浆稠度达到最终浆液稠度、排气管口压力达到设计压力，以及缝面吸浆率小于 0.4L/min，达到这几项标准后，即可持续灌浆 30min 后结束。接缝灌浆的压力必须慎重选择，过小不易保证灌浆质量，过大可能影响坝的安全。

（三）灌浆区事故及其处理

经过通水检查，可基本判明灌区事故部位及事故类型，灌区事故类型及处理方法分述如下：

1.灌浆管道不通的处理

（1）进、回浆管道不通的处理

处理前，先将灌区充分浸泡 7d 左右，再用风和水轮换冲洗，风压限制为 0.2MPa，水压不超过 0.8MPa，风和水轮换冲洗时，应将所有管口敞开，以免疏通后缝面压力骤增。如堵塞部位距表面较近，可凿开混凝土，割除管道堵塞段，恢复进、回浆管。当上述措施无效时，可视具体情况采用骑缝钻孔或斜穿钻孔代替进、回浆管。

（2）排气系统不通的处理

当排气管不互通，或排气管与进、回浆管不互通时，可初步判断为排气系统不通，如经疏通无效，一般采用风钻孔或机钻孔穿过灌区顶层代替原管道，一侧排气管至少布置 3 个风钻孔或 1 个机钻孔。机钻孔单孔出水率大于 50L/min，风钻孔单孔出水率大于 25L/min 时，可认为畅通。

2.缝面不通的处理

当进、回浆管互通，排气管本身也互通，但进、回浆管与排气管之间不互通时，可判断为缝面不通。缝面不通的原因有三种，即缝面被杂物堵塞、压缝或细缝。如缝面被杂物堵塞，可以用反复浸泡、风和水轮换冲洗的办法；如为压缝，则可打风钻孔或机钻孔代替出浆盒，用联孔形成新的灌浆系统；如为细缝，则只能采取细缝灌浆措施。

3.止浆片失效引起外漏的处理

一般采用嵌缝堵漏的方法，根据外漏部位及漏量大小，可先沿外漏接缝凿槽，再用水泥砂浆、环氧砂浆或棉絮等材料嵌堵，能比较有效地阻止浆液外漏。

4.特殊情况的灌浆方法

灌浆区与混凝土内部架空区串漏时，由于漏量大，灌浆时间必然延续较长，若管道及缝面又不太通畅，则不宜采取降压沉淀的方法；否则，缝面由下至上泌水，阻力增大，最终可能导致堵塞。通常在变换至最终级浓浆、缝面起压正常后，保持50%~70%的设计压力灌注，当吸浆量急剧下降时，再升到设计压力灌注，直至达到正常标准时结束。

止浆片失效引起外漏，一般先嵌缝堵漏，再进行灌浆。当灌浆过程中发现外漏严重时，如缝面处于充填初级浆液阶段，可及时冲掉，嵌缝再灌；如缝面处于充填中级或终级浆液时，可边嵌边灌，同时在灌浆工艺上采取间歇沉淀或降压循环的措施，迅速增大缝面浆液黏度，促使缝面尽早形成塑性状态，当吸浆率明显下降时，在设计压力下正常灌注至结束。

止浆片失效引起相邻灌区串漏，一般有两种处理方法。一种是先将表面外漏处嵌缝，然后多区同灌，每个灌区配一台灌浆机，可灌性差或漏量大的灌区先进浆，以利于各灌区同时达到在设计压力下灌注。当某一灌区先具备结束条件时，须待串漏区的吸浆率在设计压力下明显下降时才能先行进浆，互串区先后结束间隔时间，一般控制在不超过3h。另一种方法是当不允许互串灌区同灌时，也可采取下层灌浆、上层通水平压从而防止下层浆液串入上层的措施，上层通水时的层底压力应与下层灌浆的层顶压力相等。

进、回浆管道全部失效时，若布置条件许可，可做骑缝钻孔代替进、回浆管，风钻孔代替排气管，灌浆方法与正常条件下的灌浆方法基本相同。如无条件布置骑缝机钻孔，可采用风钻斜穿孔，一般3~6m²布置一孔，各孔均设内管，孔口设回浆管，从灌区下层至上层将进、回浆管分别并联成若干孔组，并留出排气孔，灌浆时下层孔组进浆，上层孔组回浆，中层孔组放浆，灌至达到结束条件时停止。

细缝灌浆。细缝一般指冷却至灌浆温度后，张开度仅为0.3~0.5mm的灌区，在灌浆施工中，一般采取下列措施：用细度为通过6 400孔/cm²的筛余量在2%以下的42.5级硅酸盐磨细水泥。

在灌浆初始阶段，提高进浆管口压力，尽快使排气管口升压，有利于细缝张开，其张开度应严格控制在0.5mm以内。

采取四级水灰比浆液灌注。先用4∶1浆液润滑管道与缝面，用2∶1浆液过渡，尽快以1∶1浆液灌注，尽可能按终级浆液结束，最后从排气管倒灌补填。浆液中可掺用塑化剂，以改善浆液流动性。

灌浆过程中，当变浆后排气管放出稀浆时，即从两侧进浆管同时进浆，或与排气管同时进浆，以改善缝面浆压分布。

在经过论证的情况下，采用坝块超冷，力求改善缝面张开状况。

化学灌浆必须谨慎选用化学灌浆材料和施工工艺。

（四）质量检查

灌区的接缝灌浆质量，应以分析灌浆资料为主，结合钻孔取芯、槽检等质检成果，进行综合评定。主要评定项目有以下九个：

①灌浆时坝块混凝土的温度。

②灌浆管路通畅，缝面通畅以及灌区密封情况。

③灌浆施工情况。

④灌浆结束时排气管的出浆密度和压力。

⑤灌浆前、后接缝张开度的大小及变化。

⑥灌浆材料的性能。

⑦缝面注入水泥量。

⑧钻孔取芯、缝面槽检和压水检查成果以及孔内探缝，孔内电视等测试的成果。

第三节　碾压混凝土坝施工

碾压混凝土采用干硬性混凝土，施工方法接近于碾压式土石坝的填筑方法，采用通仓薄层浇筑、振动碾压实。碾压混凝土筑坝可减少水泥用量，充分利用施工机械，提高作业效率，缩短工期。

一、碾压混凝土坝原材料及配合比

（一）碾压混凝土坝胶凝材料

碾压混凝土一般采用硅酸盐水泥或矿渣硅酸盐水泥，掺30%~65%粉煤灰，胶凝材料用量一般为120~160kg/m³。

（二）碾压混凝土坝骨料

与常态混凝土一样，可采用天然骨料或人工骨料，骨料最大粒径一般为80mm，迎水

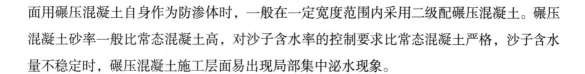

面用碾压混凝土自身作为防渗体时，一般在一定宽度范围内采用二级配碾压混凝土。碾压混凝土砂率一般比常态混凝土高，对沙子含水率的控制要求比常态混凝土严格，沙子含水量不稳定时，碾压混凝土施工层面易出现局部集中泌水现象。

（三）碾压混凝土坝外加剂

一般应掺用缓凝减水剂，并掺用引气剂，增强碾压混凝土抗冻性。

（四）碾压混凝土配合比

碾压混凝土配合比应满足工程设计的各项指标及施工工艺要求，包括以下内容：

①混凝土质量均匀，施工过程中粗骨料不易发生分离。

②工作度适当，拌和物较易碾压密实，混凝土容重较大。

③拌和物初凝时间较长，易于保证碾压混凝土施工层面的良好黏结，层面物理力学性能好。

④混凝土的力学强度、抗渗性能等满足设计要求，具有较高的拉伸应变能力。

⑤对于外部碾压混凝土，要求具有适应建筑物环境条件的耐久性。

⑥碾压混凝土配合比经现场试验后调整确定。

二、碾压混凝土施工

（一）碾压混凝土浇筑时间的确定

碾压混凝土采用一定升程内通仓薄层连续浇筑上升，连续浇筑层层面间歇6~8h，高温季节浇筑碾压混凝土时预冷碾压混凝土在仓面的温度回升大。另外，碾压混凝土用水量少，拌制预冷混凝土时加冰量少，高温季节出机口温度难以达到7℃，因而高温季节对碾压混凝土进行预冷的效果不如常态混凝土。经计算分析，高温季节浇筑基础约束区混凝土温度将较大超过坝体设计允许最高温度，因而可能产生危害性裂缝。另外，高温季节浇筑碾压混凝土时，混凝土初凝时间短，表层混凝土水分蒸发量大，压实困难，层面胶结差，从而使本为碾压混凝土薄弱环节的层面结合更难保证施工质量。斜层铺筑法虽然可改善混凝土层面胶结，但难以解决混凝土温度控制等问题。

为确保大坝碾压混凝土质量，高温季节不宜浇筑碾压混凝土，根据已建工程施工经验，在日均气温超过25℃时不宜浇筑碾压混凝土。

（二）碾压混凝土拌和及运输

碾压混凝土一般可用强制式或自落式搅拌机拌和，也可采用连续式搅拌机拌和，其拌和时间一般比常态混凝土延长30s左右，故而生产碾压混凝土时拌和楼生产率比常态混凝土低10%左右。碾压混凝土运输一般采用自卸汽车、皮带机、真空溜槽等方式，也有采用坝头斜坡道转运混凝土。选取运输机具时，应注意防止或减少碾压混凝土骨料分离。

（三）平仓及碾压

碾压混凝土浇筑时一般按条带摊铺，铺料条带宽根据施工强度确定，一般为4~12m，铺料厚度为35cm，压实后为30cm，铺料后常用平仓机或平履带的大型推土机平仓。为解决一次摊铺产生骨料分离的问题，可采用二次摊铺，即先摊铺下半层，然后在其上卸料，最后摊铺成35cm的层厚。采用二次摊铺后，料堆之间及周边集中的骨料经平仓机反复推刮后，能有效分散，再辅以人工分散处理，可改善自卸汽车铺料引起的骨料分离问题。一条带平仓完成后立即开始碾压，振动碾一般选用自重大于10t的大型双滚筒自行式振动碾，作业时行走速度为1~1.5km/h，碾压遍数通过现场试碾确定，一般为无振两遍，有振6~8遍。碾压条带间搭接宽度大于20cm，端头部位搭接宽度大于100~150cm。条带从铺筑到碾压完成宜控制在2h左右。边角部位采用小型振动碾压实。碾压作业完成后，用核子密度仪检测其容重，达到设计要求后进行下一层碾压作业；若未达到设计要求，立即重碾，直到满足设计要求为止。模板周边无法碾压部位一般可加注与碾压混凝土相同水灰比的水泥浓浆，之后用插入式振捣器振捣密实。仓面碾压混凝土的VC值（维勃稠度值）控制在5~10s，并尽可能地加快混凝土的运输速度，缩短仓面作业时间，做到在下一层混凝土初凝前铺筑完上一层碾压混凝土。当采用金包银法施工时，尤其要注意周边常态混凝土与内部碾压混凝土结合面的施工质量。

（四）防渗层常态混凝土浇筑

"金包银"结构的外部防渗层常态混凝土铺筑层厚一般与碾压混凝土相同，为30cm，可先浇常态混凝土，在常态混凝土初凝前铺筑碾压混凝土；或先浇碾压混凝土，再浇筑常态混凝土，结合部位采用振动碾压实，大型振动碾无法碾压的部位用小型振动碾碾压。

（五）造缝

碾压混凝土一般采取几个坝段形成的大仓面通仓连续浇筑上升，坝段之间的横缝一般可采取切缝机切缝、埋设隔板或钻孔填砂形成，或采用其他方式设置诱导缝。切缝机切缝时，可先切后碾或先碾后切，成缝面积不少于设计缝面的60%。埋设隔板造缝时，相邻隔板间隔不大于10cm，隔板高度宜比压实层面低2~3cm。钻孔填砂造缝则是待碾压混凝土浇筑完一个升程后，沿分缝线用手风钻造诱导孔。

（六）施工缝面处理

正常施工缝一般在混凝土收仓后10h左右用压力水冲毛，清除混凝土表面的浮浆，以露出粗砂粒和小石为准。施工过程因故中止或因其他原因造成层面间歇时间超过设计允许间歇时间时，视间歇时间的长短采取不同的处理方法：对于间歇时间较短、碾压混凝土未终凝的施工缝面，可将层面松散物和积水清除干净，铺一层2~3cm厚的砂浆后，继续进行下一层碾压混凝土摊铺、碾压作业；对于已经终凝的碾压混凝土施工缝，一般按正常工作缝处理。第一层碾压混凝土摊铺前，砂浆铺设随碾压混凝土铺料进行，不得超前，保证在砂浆初凝前完成碾压混凝土的铺筑。碾压混凝土层面铺设的砂浆应有一定坍落度。

（七）模板

规则表面采用组合钢模板，不规则面一般采用木模板或散装钢模板。为便于碾压混凝土压实，模板一般用悬臂模板，可用水平拉条固定，对于连续浇筑上升的坝体，应特别注意水平拉条的牢固性。廊道等孔洞宜采用混凝土预制模板。碾压混凝土坝下游面，为方便碾压混凝土施工，可做成台阶，并可用混凝土预制模板成形。

三、碾压混凝土温度控制

（一）碾压混凝土温度控制标准

由于碾压混凝土胶凝材料用量少，极限拉伸值一般比常态混凝土小，其自身抗裂能力比常态混凝土差，因此其温差标准比常态混凝土严格，在施工过程中应按照相关标准进行施工。

（二）碾压混凝土温度计算

由于碾压混凝土采用通仓薄层连续浇筑上升，混凝土内部最高温度一般采用差分法或有限元法进行仿真计算。计算时每一碾压层内竖直方向设置三层计算点，水平方向则根据计算机容量设置不同数量计算点。

（三）冷却水管埋设

碾压混凝土一般采取通仓浇筑，且为保证层间胶结质量，一般安排在低温季节浇筑，不需要进行初、中、后期通水冷却，从而不需要埋设冷却水管。但对于设有横缝且须进行接缝灌浆，或气温较高、混凝土最高温度不能满足要求时，也可埋设水管进行初、中、后期通水冷却。

（四）温控措施

碾压混凝土主要温控措施与常态混凝土基本相同，仅混凝土铺筑季节受到较大限制。由于碾压混凝土属于硬性混凝土，用水量少，高温季节施工时表面水分散发后易干燥而影响层间胶结质量，故而一般要求在低温季节浇筑。

第五章　隧洞与渠系建筑物施工

水利工程建设规模持续扩大，新时期对工程的建设质量提出了更高的要求，这就需要在施工前充分实地勘察，做好工程各环节的测量放样来收集全面、精准的数据信息，这样才能为施工方案编制提供可靠依据。隧洞及渠系建筑物是水利工程建设的重难点内容，施工活动复杂，需要工作人员按照标准要求，选择合适的技术和仪器设备测量放样，为后续施工活动奠定基础。

第一节　隧洞工程施工

一、隧洞施工方案的确定

平洞施工方案就是施工方法、施工程序和施工组织统一协调的综合。平洞施工程序和方法的选择主要取决于地质条件、断面尺寸、平洞轴线长短及施工机械化水平等因素，同时，要处理好平洞开挖与临时支撑、平洞开挖与衬砌的关系，以使各项工作能在相对狭小的工作面上有条不紊地协调进行。

（一）平洞施工工作面的确定

一般情况下，平洞开挖至少有进、出口两个工作面，如果洞线较长、工期紧迫，则应考虑开挖施工支洞或竖井等来增加工作面。在确定工作面的数目和位置时，还应结合平洞沿线的地形地质条件、洞内外运输道路和施工场地布置、支洞或竖井的工程量和造价，通过技术经济比较来选择。

（二）隧洞开挖方法

20世纪60年代，由奥地利学者命名的新奥地利隧道施工法（NATM，简称新奥法）正式出台。它是以控制爆破或机械开挖为主要掘进手段，以锚杆、喷射混凝土为主要支护方法，理论、量测和经验相结合的一种施工方法。其核心是及时支护，充分利用围岩的自稳能力，提高围岩与支护的共同作用。

应用新奥法施工必须遵循的基本原则如下：

①围岩是隧洞的主要承载单元，要在施工中充分保护和爱护围岩。

②容许围岩有可控制的变形，充分发挥围岩的结构作用。

③变形的控制主要是通过支护阻力的效应达到。

④在施工中，必须进行实地量测监控，及时提出可靠的、足够数量的量测信息，指导施工和设计。

⑤在选择支护手段时，一般应选择能大面积牢固地与围岩紧密接触、能及时施设且应变能力强的支护手段。

⑥要特别注意，隧洞施工过程是围岩力学状态不断变化的过程。

⑦在任何情况下，使隧洞断面能在较短时间内闭合都是极为重要的。在岩石隧洞中，因围岩的结构作用，开挖面能够"自封闭"；而在软弱围岩中，则必须改变"重视上部、忽视底部"的观点，应尽量采用能先修筑仰拱或底板的施工方法，使断面及早封闭。

⑧在隧洞施工过程中，必须建立设计—施工检验—地质预测—量测反馈—修正设计的一体化施工管理系统，以不断提高和完善隧洞施工技术。

隧洞开挖方法实际上是指开挖成形的方法，按开挖隧洞的横断面分部情况来分，开挖方法可分为全断面开挖法、台阶开挖法、导洞开挖法等。

1.全断面开挖法

全断面开挖法是按设计开挖断面一次开挖成形。全断面法适用于断面较小、围岩坚固稳定、洞径小于10m、配有充足大型开挖衬砌设备的平洞开挖。

2.台阶开挖法

台阶开挖法一般是将设计断面分成上、下断面分次开挖成形的开挖方法，有正台阶法和反台阶法。洞径或洞高在10m以上的应采用台阶法开挖。

正台阶法在大断面平洞施工中应用较为普遍，其上层开挖高度一般为6~8m。

反台阶法用于稳定性较好的岩层中施工，将整个隧洞断面分成几层，在底层先开挖较宽的下导坑，再由下向上分部扩大开挖，进行上层钻眼时须设立工作平台或采用漏渣棚架，后者可供装渣之用。

3.导洞开挖法

先开挖断面的一部分作为导洞，再逐次扩大开挖隧洞的整个断面，用于隧洞断面较大、地质条件或施工条件采用全断面开挖有困难的情况。导洞断面不宜过大，以能适应装渣机械装渣、出渣车辆运输、风水管路安装和施工安全为度。导洞可增加开挖爆破时的自由面，有利于探明隧洞的地质和水文地质情况，并为洞内通风和排水创造条件。导洞开挖后，扩挖可以在导洞全长挖完之后进行，也可以和导洞开挖平行作业。根据地质条件、地下水情况、隧洞长度和施工条件，确定采用下导洞、上导洞或上下导洞。围岩较稳定时可采用下导洞法；围岩稳定性差时多采用上导洞法或上下导洞法；隧洞断面大、地下水丰富时多采用上下导洞法。

二、隧洞钻爆法施工

钻孔爆破法一直是地下建筑岩体开挖的主要施工方法，根据钻爆设计图进行钻孔施工，其主要工序有测量放线布孔、钻孔、清孔装药、连接网路、起爆、通风排烟、危石处理、清渣、支护。

（一）炮孔布置

炮孔布置首先应确定施工开挖线，然后进行炮孔布置，隧洞爆破通常将开挖断面上的炮孔分区布置、分区顺序起爆，逐步扩大完成一次爆破开挖。

1.掏槽孔布置

掏槽孔的作用是将开挖面上某一部位的岩石掏出一个槽，以形成新的临空面，为其余炮孔的爆破创造有利条件。掏槽炮孔一般要比其他的孔深10~20cm，布置在开挖断面的中下部，加密布孔和装药，在整个断面上最先起爆。

根据开挖断面大小、围岩类别、钻孔机具等因素，掏槽孔排列形式有很多种，总的可分成斜孔掏槽和直孔掏槽两大类。

斜孔掏槽的优点是可以按岩层的实际情况选择掏槽方式和掏槽角度，容易把岩石抛出，而且所需掏槽孔数较少，掏槽体积大，有利于其他炮眼的爆破；缺点是孔深受坑道断面尺寸的限制，不便于多台钻机同时凿岩。

直孔掏槽的优点是凿岩作业比较方便，无须随循环进尺的改变而变化掏槽形式，仅须改变炮孔深度；直孔掏槽石渣抛掷距离也可缩短，所以目前现场多采用直孔掏槽。直孔掏槽的缺点是炮孔数目和单位用药量较多，炮孔位置和钻孔方向也要求高度准确，才能保证良好的掏槽效果，技术比较复杂。

2.辅助孔布置

辅助孔的作用是进一步扩大掏槽体积和增大爆破量，并为周边孔创造有利的爆破条件。其布置主要是解决炮孔间距和最小抵抗线问题，这可以由工地经验决定。辅助眼应由内向外逐层布置，逐层起爆，逐步接近开挖断面轮廓形状。

3.光爆孔布置

光爆孔的作用是爆破后使坑道断面达到设计的形状和规格。周边孔原则上沿着设计轮廓均匀布置，间距和最小抵抗线应比辅助孔小，以便爆出较为平顺的轮廓。孔底位置应根据岩石的抗爆破性来确定，应将炮孔方向以3%~5%的斜率外插，这一方面是为了控制超欠挖，另一方面是为了便于下次钻孔时落钻开孔。一般对于松软岩层，孔底应落在设计轮廓线上；对于中硬岩及硬岩，孔底应落在设计轮廓线以外10~15cm。此外，为保证开挖面平整，辅助孔及周边孔的孔底应落在同一垂直面上，必要时应根据实际情况调整炮眼深度。

周边孔的爆破在很大程度上影响着开挖轮廓的质量和对围岩的扰动破坏程度，可采用光面爆破或预裂爆破技术。特别当岩质较软或较破碎时，应加强开挖轮廓面钻爆施工。开挖施工前应进行爆破参数的试验。

（二）钻孔

隧洞工程中常使用的凿岩机有风动凿岩机和液压凿岩机，另外，还有电动凿岩机和内燃凿岩机，但较少采用。

钻头直接连接在钻杆前端或套装在钻杆前端，钻杆尾则套装在凿岩机的机头上，钻头前端则镶入硬质、高强、耐磨合金钢凿刃。凿刃起着直接破碎岩石的作用，它的形状、结构、材质、加工工艺是否合理都直接影响凿岩效率和其本身的磨损。

常用钻头的钻孔直径有 38mm、40mm，42mm、45mm、48mm 等，用于钻中空孔眼的钻头直径可达 102mm，甚至更大。超过 50mm 的钻孔施工时，则需要配备相应型号和钻孔能力的钻机施工。钻头和钻杆均有射水孔，压力水即通过此孔清洗岩粉。孔深根据断面大小、钻孔机具性能和循环进尺要求等因素确定；钻孔角度按炮孔类型进行设计，同类钻孔角度应一致，钻孔方向按平行或收放等形式确定。

三、锚喷支护

锚喷支护是喷混凝土支护、锚杆支护、喷混凝土锚杆支护、喷混凝土锚杆钢筋网支护和喷混凝土锚杆钢拱架支护等不同支护形式的统称。锚喷支护是地下工程施工中对围岩进行保护与加固的主要新型技术措施，也是新奥法的主要支护措施。

新奥法施工中，锚喷支护一般分两期进行：初期支护——在洞室开挖后，适时采用薄层的喷混凝土支护，建立起一个柔性的"外层支护"，必要时可加锚杆或钢筋网、钢拱架等措施，同时通过量测手段，随时掌握围岩的变形与应力情况，初期支护是保证施工早期洞室安全稳定的关键；二期支护——待初期支护后且围岩变形达到基本稳定时，进行二期支护，也可采用模注混凝土，进一步提高其耐久性、防水性、安全系数及表面平整度等。

（一）围岩破坏形式与锚喷类型选择

由于围岩条件复杂多变，其变形、破坏的形式与过程多有不同，各类支护措施及其作用特点也就不相同。在实际工程中，尽管围岩的破坏形态很多，但总体上，围岩破坏表现为局部性破坏和整体性破坏两大类。

1.局部性破坏

局部性破坏的表现形式包括开裂、错动、崩塌等，多发生在受到地质结构面切割的坚硬岩体中。对于局部性破坏，喷锚类型通常采用锚杆支护，有时根据需要加喷混凝土支护。利用锚杆的抗剪与抗拉能力，而喷混凝土支护，其作用则表现在：①填平凹凸不平的壁面，以避免过大的局部应力集中；②封闭岩面，以防止岩体的风化；③堵塞岩体结构面的渗水通道、胶结已松动的岩块，以提高岩层的整体性；④提供一定的抗剪力。

2.整体性破坏

整体性破坏也称强度破坏，是大范围内岩体应力超限所引起的一种破坏现象，表现为大范围塌落、边墙挤出、底鼓、断面大幅度缩小等破坏形式。对于整体性破坏，常采用复式喷混凝土与系统锚杆支护相结合的方法，即喷混凝土锚杆钢筋网支护和喷混凝土、锚杆钢拱架支护等不同支护形式联合使用。这样不仅能够加固围岩，而且可以调整围岩的受力分布。

（二）锚杆支护

锚杆是用金属或其他高抗拉性能材料制作的杆状构件，配合使用某些机械装置、胶凝介质，按一定施工工艺，将其锚固于地下洞室围岩的钻孔中，起到加固围岩、承受荷载、阻止围岩变形的目的。在工程中，按锚杆与围岩的锚固方式，基本上可分为集中锚固和全长锚固两类。楔缝式锚杆和胀壳式锚杆属于集中锚固，它们是由锚杆端部的楔瓣或胀圈扩开以后所提供的嵌固力而起到锚固作用。全长锚固的锚杆有砂浆锚杆和树脂锚杆等，它们是由水泥砂浆或树脂在杆体和锚孔间轴提供的摩擦力和黏结力作用实现锚固。全长锚固的锚杆由于锚固可靠耐久，在工程建设中使用较多，其中由水泥砂浆胶结的螺纹钢筋锚杆施工简便、经济可靠，使用更为普遍。根据围岩变形与破坏的特性，从发挥锚杆不同作用考虑，锚杆在洞室的布置有局部（随机）锚杆和系统锚杆。

1.局部锚杆

主要用来加固危石，防止掉块。锚杆参数按悬吊理论计算。悬吊理论认为，不稳定岩体的重量应全部由锚杆承担。

2.系统锚杆

系统锚杆一般按梅花形排列，连续锚固在洞壁内。它们将被结构面切割的岩块串联起来，保持与加强岩块的连锁、咬合和嵌固效应，使分割的围岩组成一体，形成一连续加固拱，提高围岩的承载能力。系统锚杆不一定要锚入稳定岩层。当围岩破碎时，用短而密的系统锚杆，同样可取得较好的锚固效果。锚杆施工应按施工工艺严格控制各工序的施工质量。水泥砂浆锚杆的施工，可以先压注砂浆后安设锚杆，也可以先安设锚杆后压浆。其施工程序主要包括钻孔、钻孔清洗、压注砂浆和安设锚杆等。

（三）喷混凝土施工

喷混凝土是将水泥、砂、石和外加剂等材料，按一定配比拌和后装入喷射机中，用压缩空气将拌和料压送到喷头处，与水混合后高速喷到作业面上，快速凝固在被支护的洞室壁面，形成一种薄层支护结构。

1.喷混凝土材料

喷混凝土的原材料与普通混凝土基本相同，但在技术要求上有一些差别。

（1）水泥

喷混凝土的水泥以选用普通硅酸盐水泥为好，强度等级应不低于32.5MPa，以使喷射混凝土在速凝剂的作用下早期强度增长快，干硬收缩小，保水性能好。

（2）砂子

一般采用坚硬洁净的中、粗砂，砂的细度模数宜为2.5~3.0，含水率宜为5%~7%。砂子过粗，容易产生回弹；过细，不仅会增加水泥用量，而且会增加混凝土的收缩，降低混凝土的强度。砂子的含水率对喷射工艺有很大影响，含水率过低，拌和料在管中容易分离，造成堵管，喷射时粉尘较大；含水率过高，集料有可能发生胶结。工程实践证明，中砂或中粗砂的含水率以4%~6%为宜。

（3）石料

碎石、卵石都可以用作喷混凝土的粗骨料。石料粒径为5~20mm，其中大于15mm的颗粒宜控制在20%以下，以减少回弹，保证输料管路的畅通。石料使用前应经过筛洗。

（4）水

喷混凝土用水与一般混凝土对水的要求相同。地下洞室中的混浊水和一切含酸、碱的侵蚀水不能使用。

（5）速凝剂

为加快喷混凝土凝结硬化过程，提高早期强度，增加一次喷射的厚度。提高喷混凝土在潮湿含水地段的适应能力，须在喷混凝土中掺和速凝剂。速凝剂应符合国家标准，其初凝时间不超过5min，终凝时间不超过10min。

2.主要施工工艺

（1）干喷法

将水泥、砂、石和速凝剂加微量水干拌后，用压缩空气输送到喷嘴处，再与适量水混合，喷射到岩石表面；也可以将干混合料压送到喷嘴处，再加液体速凝剂和水进行喷射。这种施工方法，便于调节加水量，控制水灰比，但喷射时粉尘较大。

（2）湿喷法

将集料和水拌匀后送到喷嘴处，再添加液体速凝剂，并用压缩空气补给能量进行喷

射。湿喷法主要改善了喷射时粉尘较大的缺点。

3.施工技术要求

为了保证喷混凝土的质量，必须严格控制有关的施工参数，注意以下施工技术要求：

（1）风压

正常作业时喷射机工作室内的风压一般为0.2MPa。若风压过大，则喷射速度高，混凝土回弹量大，粉尘多，水泥耗量大；风压过小，则混凝土不密实。

（2）水压

喷头处的水压必须大于该处风压，并要求水压稳定，保证喷射水具有较强的穿透集料的能力。水压不足时，可设专用水箱，用压缩空气加压，以保证集料能充分湿润。

（3）喷射方向和喷射距离

喷头与受喷面应尽量垂直，偏角宜控制在20°以内，利用喷射料束抑阻集料的回弹，以减少回弹量。喷头与受喷面的距离与风压和喷射速度有关。据试验，当喷射距离为1.0m左右时，在提高喷射质量、减少集料回弹等方面效果比较理想。

（4）喷射区段和喷射顺序

喷射作业应分区段进行，区段长度一般为4~6m。喷射时，通常先墙后拱，自下而上，先凹后凸，按顺序进行，以防溅落的灰浆黏附于未喷岩面，影响喷混凝土的黏结强度。

（5）喷射分层和间歇时间

当喷混凝土设计厚度大于10cm时，一般应分层喷射。一次喷射的厚度，边墙控制在6~10cm，顶拱3~6cm，局部超挖处可稍厚2~3cm，掺速凝剂时可厚些，不掺时应薄些。一次喷射太厚时，容易因自重而引起分层脱落或与岩面脱开；一次喷射太薄时，若喷射厚度小于最大骨料粒径，则回弹率又会迅速提高。

分层喷射时，后一层喷射应在前一层混凝土终凝后进行，但也不宜间隔过久，若终凝1~2h后再进行喷射，应用风水清洗混凝土表面，以利层间结合。

当喷混凝土紧跟开挖面进行时，从混凝土喷完到下一次循环放炮的时间间隔一般不小于4h，以保证喷混凝土强度有一定增长，避免引起爆破震动裂缝。

（6）喷混凝土的养护

喷混凝土单位体积的水泥用量比较大，凝结硬化快，为使混凝土强度均匀增长，减少或防止不正常的收缩，必须加强养护。一般喷完后2~4h开始洒水养护，并保持混凝土的湿润状态，养护时间不少于14d。

四、隧洞衬砌施工

隧洞混凝土、钢筋混凝土衬砌的施工，有现浇、预填骨料压浆和预制安装等方法。现浇衬砌施工与一般混凝土及钢筋混凝土施工基本相同，但由于地下洞室空间狭窄，工作面小，而且作业方式和组织形式有其自身特点。

（一）平洞衬砌的分缝分块及浇筑顺序

平洞的衬砌，在纵向上通常要分段进行浇筑，当结构上设有永久伸缩缝时，可以利用永久缝分段；当永久缝间距过大或无永久缝时，则应设施工缝分段。分段长度一般为4~18m，视平洞断面大小、围岩约束特性及施工浇筑能力等因素而定。

分段浇筑的方式有：①跳仓浇筑；②分段流水浇筑；③分段预留空当浇筑等。当地质条件较差时，采用肋拱肋墙法施工，这是一种开挖与衬砌交替进行的跳仓浇筑法。对于无压平洞，结构上按允许开裂设计，也可采用滑动模板连续施工方法进行浇筑，以加快衬砌施工，但施工工艺必须严格控制。

衬砌施工在横断面上也常分块进行，一般分成底拱、边拱和顶拱三块。横断面上浇筑的顺序，正常情况是先底拱、后边拱和顶拱，其中边拱和顶拱可以连续浇筑，也可以分块浇筑，视模板形式和浇筑能力而定。在地质条件较差时，可以先浇筑顶拱，再浇筑边拱和底拱；有时为了满足开挖与衬砌平行作业的要求，会在隧洞底板还未清理成形以前先浇好边拱和顶拱，最后浇筑底拱。采取后两种浇筑顺序时，由于在浇筑顶拱、边拱时混凝土体下方无支托，应注意防止衬砌的下移和变形，并做好分块接头处反缝的处理，必要时反缝要进行灌浆。

（二）平洞衬砌模板

平洞衬砌模板的形式依隧洞洞形、断面尺寸、施工方法和浇筑部位等因素而定。对底拱而言，当中心角较小时，可以像底板浇筑那样，不用表面模板，只立端部挡板，混凝土浇筑后用弧形样板将混凝土表面刮成弧形即可；当中心角较大时，一般采用悬挂式弧形模板。

桁架式模板由桁架和面板组成。在洞外先将桁架拼装好，桁架运入洞内就位后，再随着混凝土浇筑面的上升逐次安设模板。钢模台车是一种可移动的多功能隧洞衬砌模板车。根据需要，它可做顶拱钢模、边拱墙钢模及全断面模板使用。圆形隧洞衬砌的全断面一次浇筑，可用针梁式钢模台车。其施工特点是不需要铺设轨道，模板的支撑、收缩和移动都依靠着一个伸出的针梁。模板台车使用灵活，周转快，重复使用次数多。用台车进行钢模的安装、运输和拆卸，一部台车可配几套钢模板进行流水作业，施工效率高。

（三）衬砌的浇筑

隧洞衬砌多采用二级配混凝土。对中小型隧洞，混凝土一般采用斗车或轨式混凝土搅拌运输车，由电瓶车牵引运至浇筑部位；对大中型隧洞，则多采用3~6m³的轮式混凝土搅拌运输车。在浇筑部位，通常用混凝土泵将混凝土压送并浇入仓内。常用的混凝土泵有柱塞式、风动式和挤压式等工作方式。它们均能适应洞内狭窄的施工条件，完成混凝土的运输和浇筑，能够保证混凝土的质量。

泵送混凝土的配合比应保证有良好的和易性和流动性，其坍落度一般为8~16cm。混凝土浇捣因衬砌洞壁厚度与采用的模板形式不同而不同，当洞壁厚度较大时，作业人员可以进入仓内用振捣棒进行浇捣；当洞壁较薄，人不能进入仓内时，可在模板不同位置留进料窗口，并由此窗口插入振捣器进行振捣。如果是台车，也可以在台车上安装附着式振捣器进行振捣。由窗口振捣时，随着浇筑混凝土面的抬升可封堵窗口再由上层窗口进料和振捣。

（四）衬砌的封拱

平洞的衬砌封拱是指顶拱混凝土即将浇筑完毕前，将拱顶范围内未充满混凝土的空隙和预留的进出口、窗口进行浇筑、封堵填实的过程。封拱工作对于保证衬砌体与围岩紧密接触、形成完整的拱圈是非常重要的。

封拱方法多采用封拱盒法和混凝土泵封拱。在封拱前，先在拱顶预留一小窗口，尽量把能浇筑的四周部分浇好，然后从窗口退出人和机具，并在窗口四周立侧模，待混凝土达到规定强度后，将侧模拆除，凿毛之后安装封拱盒。封堵时，先将混凝土料从盒侧活门送入，再用千斤顶顶起活动封门板，将盒内混凝土压入待封部位即告完成。

混凝土泵封拱：通常在导管的末端接上冲天尾管，垂直穿过模板伸入仓内。冲天尾管的位置应根据浇筑段长度和混凝土扩散半径来确定，其间距一般为4~6m，离浇筑段端部约1.5m。尾管出口与岩面的距离原则上是越贴近越好，但应保证压出的混凝土能自由扩散，一般为20cm左右。封拱时应在仓内岩面最高的地方设置排气管，在仓的中央部位设置进入孔，以便进入仓内进行必要的辅助工作。

混凝土泵封拱的施工程序是：①当混凝土浇至顶拱仓面时，撤出仓内各种器材，尽量筑高两端混凝土；②当混凝土达到与进入孔齐平时，仓内人员全部撤离，封闭进入孔，同时增大混凝土的坍落度，加快混凝土泵的压送速度，连续压送混凝土；③当排气管开始漏浆或压入的混凝土量已超过预计方量时，停止压送混凝土；④去掉尾管上包住预留孔眼的铁箍，从孔眼中插入防止混凝土塌落的钢筋；⑤拆除导管；⑥待顶拱混凝土凝固后，将外伸的尾管割除，并用灰浆抹平。

（五）压浆混凝土施工

压浆混凝土又称预填骨料压浆混凝土，它是将组成混凝土的粗骨料预先填入立好的板中，振捣密实后，再利用灌浆泵把水泥砂浆压入，凝固而成结石。这种施工方法适用钢筋

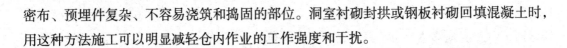

密布、预埋件复杂、不容易浇筑和捣固的部位。洞室衬砌封拱或钢板衬砌回填混凝土时，用这种方法施工可以明显减轻仓内作业的工作强度和干扰。

（六）隧洞灌浆

隧洞灌浆有回填灌浆和固结灌浆两种。前者是填塞岩石与衬砌之间的空隙，以弥补混凝土浇筑质量的不足，所以只限于顶拱范围内；后者是为了加固围岩，以提高围岩的整体性和强度，所以范围包括断面四周的围岩。为了节省钻孔工作量，两种灌浆都需要在衬砌时预留直径为38~50mm的灌浆钢管并固定在模板上。

灌浆必须在衬砌混凝土达到一定强度后才能进行，并先进行回填灌浆，隔一个星期后再进行固结灌浆。灌浆时应先用压缩空气清孔，然后用压力水冲洗。灌浆在断面上应自下而上进行，并利用上部管孔排气，在洞轴线方向采用隔排灌注、逐步加密的方法。

为了保证灌浆质量和防止衬砌结构的破坏，必须严格控制灌浆压力。回填灌浆压力为：无压隧洞第一序孔用100~304kPa，有压隧洞第一序孔用200~405kPa；第二序孔可增大1.5~2倍。固结灌浆的压力应比回填灌浆的压力高一些，以使岩石裂缝灌注密实。

第二节　渠系建筑物施工

一、渠道施工

渠道施工包括渠道开挖、渠堤填筑和渠道衬砌。渠道施工的特点是工程量大、施工路线长、场地分散，但工种单一、技术要求较低。

（一）渠道开挖

渠道开挖的施工方法有人工开挖、机械开挖和爆破开挖等。选择开挖方法取决于技术条件、土壤种类、渠道纵横断面尺寸、地下水位等因素。渠道开挖的土方多堆在渠道两侧用作渠堤，因此，铲运机、推土机等机械在渠道施工中得到广泛应用。对于冻土及岩石渠道，宜采用爆破开挖。田间渠道断面尺寸很小，可采用开沟机开挖或人工开挖。

1.人工开挖

（1）施工排水

受地下水影响时，渠道开挖的关键是排水问题。排水应本着上游照顾下游、下游服从上游的原则，即向下游放水的时间和流量应考虑下游排水条件，下游应服从上游的需要。

（2）开挖方法

在干地上开挖渠道应自中心向外，分层下挖，先深后宽，边坡处可按边坡比挖成台阶状，待挖至设计深度时，再进行削坡，注意挖填平衡。必须弃土时，做到远挖近倒、近挖远倒、先平后高。受地下水影响的渠道应设排水沟，开挖方式有一次到底法和分层下挖法。一次到底法适用于土质较好、挖深2~3m的渠道。开挖时，先将排水沟挖到低于渠底设计高程0.5m处，然后采用阶梯法逐层向下开挖，直至渠底为止。分层下挖法适用于土质不好且挖深较大的渠道，开挖时，将排水沟布置在渠道中部，逐层先挖排水沟，再挖渠道，直至挖到渠底为止。如果渠道较宽，可采用翻滚排水沟，这种方法的优点是排水沟分层开挖、排水沟的断面较小，土方最少，施工较安全。

（3）边坡开挖与削坡

开挖渠道如一次开挖成坡，将影响开挖进度。因此，一般先按设计坡度要求挖成台阶状，其高宽比按设计坡度要求开挖，最后进行削坡，这样施工削坡方量较少。但施工时必须严格掌握规范措施，台阶平台应水平，高必须与平台垂直，否则会产生较大误差，增加削坡方量。

2.机械开挖

（1）推土机开挖渠道

采用推土机开挖渠道，其挖深不宜超过1.5~2.0m，填筑堤顶高度不超过2~3m，其坡度不宜陡于1∶2。在渠道施工中，推土机还可平整渠底、清除植土层、修整边坡、压实渠堤等。

（2）铲运机开挖渠道

半挖半填渠道或全挖方渠道就近弃土时，采用铲运机开挖最为有利。需要在纵向调配土方渠道，如运距不远也可用铲运机开挖。铲运机开挖渠道的开行方式有环形开行和"8"字形开行。当渠道开挖宽度大于铲土长度，而填土或弃土宽度又大于卸土长度时，可采用横向环形开行；反之，则采用纵向环形并行，铲土和填土位置可逐渐错动，以完成所需断面。当工作前线较长、填挖高差较大时，则应采用"8"字形并行。

（3）挖掘机开挖渠道

当渠道开挖较深时，用反铲挖掘机开挖方便快捷、生产率高。

3.爆破开挖

采用爆破法开挖渠道时，药包可根据开挖断面的大小沿渠线布置成一排或几排。当渠底宽度比深度大两倍以上时，应布置2~3排或以上的药包，但最多不宜超过5排，以免爆破后掉落土方过多。当布置1~2排药包时，药包的爆破作用指数可采用1.75~2.0；当布置3排药包时，药包布置应呈梅花形，中间一排药包的装药量应比两侧的大25%左右，且采用延时爆破以提高爆破和抛掷效果。

（二）渠堤填筑

筑堤用的土黏料以黏土略含砂质为宜，如果有几种土料，应将透水性小的填筑在迎水坡，将透水性大的填筑在背水坡。土料中不得掺有杂质，并保持一定的含水量，以利压实。

填方渠道的取土坑与堤脚应保持一定距离，挖土深度不宜超过2m，取土宜先远后近。半挖半填式渠道应尽量利用挖方筑堤，只有在土料不足或土质不适用时取用坑土。

铺土前应先行清基，并将基面略加平整，然后进行刨毛，铺土厚度一般为20~30cm，并应铺平铺匀，每层铺土宽度略大于设计宽度，填筑高度可预加5%的沉陷量。

（三）渠道衬砌

渠道衬砌的类型有灰土、砌石或砖、混凝土、沥青材料及塑料薄膜等。选择衬砌类型的原则是防渗效果好，因地制宜，就地取材，施工简单，能提高渠道输水能力和抗冲能力，减少渠道断面尺寸，造价低廉，有一定的耐久性，便于管理养护，维修费用低等。

1.砌石衬砌

砌石衬砌具有就地取材、施工简单、抗冲、防渗、耐久等优点。石料有卵石、块石、石板等，砌筑方法有干砌和浆砌两种。

在砂砾地区，采用干砌卵石衬砌是一种经济的抗冲防渗措施，施工时应先按设计要求铺设垫层，然后再砌卵石，砌卵石的基本要求是使卵石的长边垂直于边坡或渠底，并砌紧砌平，错缝，坐落在垫层上。每隔10~20m距离用较大的卵石干砌或浆砌一道隔墙。渠坡隔墙可砌成平直形，渠底隔墙砌成拱形，其拱顶迎向水流方向，以加强抗冲能力，隔墙深度可根据渠道可能冲刷深度确定。卵石衬砌应按先渠底、后渠坡的顺序铺砌卵石。

块石衬砌时，石料的规格一般以长40~50cm、宽30~40cm、厚度不小于8cm为宜，要求有一面平整。干砌勾缝的护面防渗效果较差，防渗要求较高时，可以采用浆砌块石。

砖砌护面也是一种因地制宜、就地取材的防渗衬砌措施，其优点是造价低廉、取材方便、施工简单、防渗效果较好，砖衬砌层的厚度可采用一砖平砌或一砖立砌。

2.混凝土衬砌

混凝土衬砌一般采用板形结构，其截面形式有矩形、楔形、肋形、槽形等。矩形板适用于无冻胀地区的渠道，楔形板和肋形板适用于有冻胀地区的渠道，槽形板用于小型渠道的预制安装。大型渠道多采用现场浇筑。现场整体浇筑的小型渠槽具有水力性能好、断面小、占地少、整体稳定性好等优点。

混凝土衬砌的厚度与施工方法、气候、混凝土强度等级等因素有关。现场浇筑的衬砌

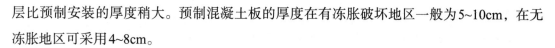

层比预制安装的厚度稍大。预制混凝土板的厚度在有冻胀破坏地区一般为5~10cm，在无冻胀地区可采用4~8cm。

混凝土衬砌层在施工时要留伸缩缝，纵向缝一般设在边坡与渠底连接处。渠道边坡上一般不设纵向伸缩缝。伸缩缝宽度一般为1~4cm，缝中填料一般采用沥青混合物、聚氯乙烯胶泥和沥青油毡等。

3.沥青材料衬砌

由于沥青材料具有良好的不透水性，一般可减少90%以上的渗漏量。沥青材料渠道衬砌有沥青薄膜与沥青混凝土两类。沥青薄膜防渗施工可分为现场浇筑和装配式两种，现场浇筑又分为喷洒沥青和沥青砂浆等。沥青混凝土衬砌分现场浇筑和预制安装两种。

4.塑料薄膜衬护

采用塑料薄膜进行渠道防渗具有效果好、适应性强、重量轻、运输方便、施工速度快和造价较低等优点。用于渠道防渗的塑料薄膜厚度以0.12~0.20mm为宜。塑料薄膜的铺设方式有表面式和埋藏式两种。表面式是将塑料薄膜铺于渠床表面，薄膜容易老化和遭受破坏；埋藏式是在铺好的塑料薄膜上铺筑土料或砌石作为保护层。由于塑料表面光滑，为保证渠道断面的稳定，避免发生渠坡保护层滑塌，渠床边坡宜采用锯齿形。保护层厚度一般不小于30cm。

塑料薄膜衬护渠道大致可分为渠床开挖和修整、塑料薄膜的加工和铺设、保护层的填筑等三个施工过程。薄膜铺设前，应在渠床表面加水湿润，以保证薄膜能紧密地贴在基土上。铺设时，将成卷的薄膜横放在渠床内，一端与已铺好的薄膜进行焊接或搭接，并在接缝处填土压实，此后即可将薄膜展开铺设，然后再填筑保护层。铺填保护层时，渠底部分应从一端向另一端进行，渠坡部分则应自下而上逐渐推进，以排除薄膜下的空气。保护层分段填筑完毕后，再将塑料薄膜的边缘固定在顺渠顶开挖的堑壕里，并用土回填压紧。

塑料薄膜的接缝可采用焊接或搭接。焊接有单层热合与双层热合两种。搭接时为减少接缝漏水，上游一块塑料薄膜应搭在下游一块之上，搭接长度为5cm，也可用连接槽搭接。

二、水闸施工

（一）水闸基本知识

水闸是一种利用闸门挡水和泄水的低水头水工建筑物，多建于河道、渠系及水库、湖泊岸边。关闭闸门，可以拦洪、挡潮、抬高水位以满足上游引水和通航的需要；开启闸门，可以泄洪、排涝、冲沙或根据下游用水需要调节流量。水闸在水利工程中的应用十分广泛。

水闸按闸室结构形式可分为开敞式、胸墙式及涵洞式等。

有泄洪、过木、排冰或其他漂浮物要求的水闸大多采用开敞式。胸墙式一般用于上游水位变幅较大、水闸净宽又为低水位过闸流量所控制、在高水位时尚须用闸门控制流量的水闸。涵洞式多用于穿堤取水或排水。

另外，还可按过闸流量大小，将水闸划分为大、中、小型。

水闸一般由闸室、上游连接段和下游连接段三部分组成。

闸室是水闸的主体，包括闸门、闸墩、边墩、底板、胸墙、工作桥、交通桥、启闭机等。闸门用来挡水和控制过闸流量，闸墩用以分隔闸孔和支承闸门、胸墙、工作桥、交通桥。底板是闸室的基础，用以将闸室上部结构的重量及荷载传至地基，并兼有防渗和防冲的作用。工作桥和交通桥用来安装启闭设备、操作闸门和联系两岸交通。

（二）闸室施工

1.闸室底板施工

在闸室地基处理后，软基多先铺筑素混凝土垫层8~10cm，以保护地基、找平基面，浇筑前先进行扎筋、立模、搭设仓面脚手和清仓工作。

浇筑底板时运送混凝土入仓的方法很多，可以用载重汽车装载立罐，通过履带式起重机吊运入仓，也可以用自卸汽车通过混凝土卧罐，再用履带式起重机吊运入仓。采用上述两种方法时，都不需要在仓面搭设脚手架。

若用手推车、斗车或机动翻斗车等运输工具运送混凝土入仓，必须在仓面搭设脚手架。在搭设脚手架前，应先预制混凝土支柱。柱的间距视横梁的跨度而定，然后在混凝土柱顶上架立短木柱、斜撑、横梁等组成脚手架。当底板浇筑接近完成时，可将脚手架拆除，并立即对混凝土表面进行抹面。

底板的上下游一般都设有齿墙，浇筑混凝土时，可组成两个作业组分层浇筑。先由两个作业组共同浇筑下游齿墙，待齿墙浇平后，第一组由下游向上游进行，抽出第二组去浇上游齿墙，当第一组浇到底板中部时，第二组的上游齿墙已基本浇平，然后将第二组转到下游浇筑第二坯。当第二组浇到底板中部，第一组已到达上游底板边缘，这时第一组再转回浇第三坯。如此连续进行，可缩短每坯间隔时间，从而避免冷缝的发生，提高工程质量，加快施工进度。

钢筋混凝土底板往往有上下两层钢筋，在进料口处，上层钢筋易被砸变形，故开始浇筑混凝土时，该处上层钢筋可暂不绑扎，待混凝土浇筑面将要到达上层钢筋位置时，再进行绑扎，以免因校正钢筋变形延误浇筑时间。

水闸的闸室部分重量很大，沉陷量也大，而相邻的消力池重量较轻，沉陷量也小，若两者同时浇筑，不均匀沉陷往往造成沉陷缝两侧高差较大，可能将止水片撕裂。为了避免这种情况，最好先浇筑闸室部分，让其沉陷一段时间再浇消力池。但是这样对施工安排不利，为了使底板与消力池能够穿插施工，可在消力池靠近底板处留一道施工缝，将消力池分成大小两部分。在浇筑闸墩时，就可穿插浇筑消力池的大部分，当闸室已有足够沉陷后，便可浇筑消力池的小部分；在浇筑第二期消力池时，施工缝应进行凿毛冲洗等处理。

2.闸墩施工

由于闸墩高度大，厚度小，门槽处钢筋较密，闸墩相对位置要求严格，所以闸墩的立模与混凝土浇筑是施工中的主要难点。

（1）墩模板安装

为使闸墩混凝土一次浇筑达到设计高程，闸墩模板不仅要有足够的强度，而且要有足够的刚度，所以闸墩模板安装以往采用"铁板螺栓、对拉撑木"的立模支撑方法。此法虽须耗用大量木材和钢材，工序繁多，但对中小型水闸施工仍较为方便。由于滑模施工方法在水利工程上的应用，目前有条件的施工单位，闸墩混凝土浇筑逐渐采用滑模施工。

当水闸为三孔一联整体底板时，则中孔可不予支撑。在双孔底板的闸墩上，则宜将两孔同时支撑，这样可使三个闸墩同时浇筑。

由于钢模板在水利水电工程中应用广泛，施工人员依据滑模的施工特点，发展形成了闸墩施工的翻模施工法，即立模时一次至少立三层。当第三层模板内混凝土浇至腰箍下缘时，第二层模内腰箍以下部分的混凝土须达到脱模强度，这样便可拆掉第一层，去架立第四层模板，并绑扎钢筋。以此类推，保持混凝土浇筑的连续性，以避免产生冷缝。

（2）混凝土浇筑

闸墩模板立好后，随即进行清仓工作。用压力水冲洗模板内侧和闸墩底面，令污水由底层模板上的预留孔排出。清仓完毕堵塞小孔后，即可进行混凝土浇筑。

闸墩混凝土的浇筑主要是解决好两个问题：一是每块底板上闸墩混凝土的均衡上升，二是流态混凝土的入仓及仓内混凝土的铺筑。

为了保证混凝土的均衡上升，运送混凝土入仓时应很好地组织，使在同一时间运到同一底板各闸墩的混凝土量大致相同。为防止流态混凝土由高度下落时产生离析，应在仓内设备溜管，可每隔2~3m设置一组。由于仓内工作面窄，浇捣人员走动困难，可把仓内浇筑面分划成几个区段，每区段内固定浇捣工人，这样可提高工效。每层混凝土厚度可控制在30cm左右。小型水闸闸墩浇筑时，工人一般可在模板外侧，浇筑组织较为简单。

（3）基础和墩墙止水

施工时要注意止水片接头处的连接，一般金属止水片在现场电焊或氧气焊接，橡胶止水片多用胶水粘接，塑料止水片多用熔接，使之连接成整体。浇筑混凝土时应注意止水片

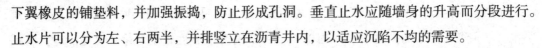

下翼橡皮的铺垫料，并加强振捣，防止形成孔洞。垂直止水应随墙身的升高而分段进行。止水片可以分为左、右两半，并排竖立在沥青井内，以适应沉陷不均的需要。

导轨安装前，要对基础螺栓进行校正，安装过程中必须随时用垂球进行校正，使其铅直无误。导轨就位后即可立模浇筑二期混凝土。

闸门底槛设在闸底板上，在施工初期浇筑底板时，若铁件不能完成，也可在闸底板上留槽以后浇二期混凝土。

浇筑二期混凝土时，应采用细骨料混凝土，并细心捣固，不要振动已装好的金属构件。门槽较高时，不要直接从高处下料，而要采取分段安装和浇筑。二期混凝土拆模后，对埋件进行复测，并做好记录，同时检查混凝土表面尺寸，清除遗留的杂物、钢筋头，以免影响闸门启闭。

三、渡槽施工

（一）渡槽基本知识

当渠道与山谷、河流、道路相交时，为连接渠道而设置的过水桥，称为渡槽。

渡槽设计的主要内容有：选择适宜的渡槽位置和形式，拟定纵横断面，进行细部设计和结构设计等。

渡槽由进口段、槽身、出口段及支承结构等部分组成。按支承结构可分为梁式渡槽和拱式渡槽两大类。

1.梁式渡槽

渡槽的槽身直接支撑在槽墩或槽架上，既可用于输水，又起纵向梁作用。各伸缩缝之间的每一节槽身，沿纵向有两个支点，一般做成简支的，也可做成双悬臂的，前者的跨度常为8~10m，后者可达30~40m。

槽身横断面常用矩形和U形。矩形槽身可用浆砌石或钢筋混凝土建造。对无通航要求的渡槽，为增强侧墙稳定性和改善槽身的横向受力条件，可沿槽身在槽顶每隔1~2m设置拉杆；如果有通航要求，则适当增加侧墙厚度或沿槽长每隔一定距离加肋。

U形槽身是在半圆形的上方加一直段拉杆构成，常用钢筋混凝土或预应力钢筋混凝土建造。为改善槽身的受力条件，可将底部弧形段加厚，与矩形槽身一样，可在槽顶加设横向拉杆。

2.拱式渡槽

当渠道跨越地质条件较好的窄深山谷时，以选用拱式渡槽较为有利。

拱式渡槽由槽墩、主拱圈、拱上结构和槽身组成。主拱圈是拱式渡槽的主要承重结构，常用的主拱圈有板拱和肋拱两种形式。

板拱渡槽主拱圈的径向截面多为矩形，可用浆砌石、钢筋混凝土或预制钢筋混凝土块砌筑而成。箱形板拱为钢筋混凝土结构。拱上结构可做成实腹或空腹。

肋拱渡槽的主拱圈为肋拱框架结构，当槽宽不大时，多采用双肋，拱肋之间每隔一定距离设置刚度较大的横梁系，以加强拱圈的整体性。拱圈一般为钢筋混凝土结构。拱上结构为空腹式。槽身一般为预制的钢筋混凝土U形槽或矩形槽。肋拱渡槽是大、中跨度拱式渡槽中广为采用的一种形式。

（二）砌石拱渡槽施工

砌石拱渡槽由基础、槽墩、拱圈和槽身四个部分组成。基础、槽墩和槽身的施工与一般圬工结构相似。下面着重介绍拱圈的施工，其施工程序包括砌筑拱座、安装拱架、砌筑拱圈及拱上建筑、拆卸拱架等。

1.拱架

砌拱时用以支承拱圈砌体的临时结构称为拱架。拱架的形式很多，按所用材料不同可分为木拱架、钢拱架、钢管支撑拱架及土牛拱胎等。

在小跨拱的施工中，较多地采用工具式的钢管支撑拱架。它具有周转率高、损耗小、装拆简捷的特点，可节省大量人力、物力。土牛拱胎是在槽墩之间填土、层层夯实，做成拱胎，然后在拱胎上砌筑拱圈。这种方法由于不需钢材、木材，因而施工进度快，对缺乏木材而又不太高的砌石拱是可取的，但填土质量要求高，以防止在拱圈砌筑中产生较大的沉陷。如果跨越河沟有少量流水，可预留一泄水涵洞。

拱圈由于要承受自重再加上受温度变化和墩台位移等原因，会发生弹性下沉。为此，在制作拱架时，为抵消拱圈的下沉值，使建成的拱轴线与设计的拱轴线接近吻合，拱架安装时拱高要比设计拱高值有所增加。拱架的这种预加高度称为预留拱度，其数值通过查阅有关表格得来。

2.主拱圈的砌筑

砌筑圈时，应注意施工程序和方法，以免在砌筑过程中拱架变形过大而使拱圈产生裂缝。根据经验，跨度在8m以下的拱圈，可按拱的全宽和全厚，自拱脚同时对称、连续向拱顶砌筑，争取一次完成。

跨度在8~15m的拱圈，最好先在拱脚留出空缝，从空缝开始砌至1/3矢高时，在跨中1/3范围内预压总数20%的拱石，以控制拱架在拱顶部分上翘。当砌体达到设计强度

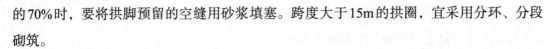

的70%时，要将拱脚预留的空缝用砂浆填塞。跨度大于15m的拱圈，宜采用分环、分段砌筑。

（1）分环

当拱圈厚度较大、由2~3层拱石组成时，可将拱圈全厚分环砌筑，即砌好一环合拢后，再砌上面一环，从而减轻拱架负担。

（2）分段

当跨度较大时，须将全拱分成数段，同时对称砌筑，以保持拱架受力平衡。砌筑的次序是先拱脚，后拱顶，再拱跨处，最后砌其余各段。拱圈，须在分段处设置挡板或三角木撑，以防砌体下滑，也可不设支撑，仅在拱模板上钉扒钉顶住砌体。拱圈砌筑，在同一环中应注意错缝，缝距不小于10cm，砌缝面应呈辐射状。当用矩形料石砌筑拱圈时，可通过调节灰缝宽度使之呈辐射状，但灰缝上下宽差不得超过30%。

（3）空缝的设置

大跨度拱圈砌筑，除在拱脚留出空缝外，还须在各段之间设置空缝，以避免拱架变形过程中拱圈开裂。为便于缝内填塞砂浆，在砌缝小于15mm时，可将空缝宽度扩大至30~40mm。砌筑时，在空缝处可使用预制砂浆块、混凝土块或铸铁块隔垫，以保持空缝，每条空缝的表面，应在砌好后用砂浆封涂，以观察拱圈在砌筑中的变化。拱圈强度达到设计的70%后，即可填塞空缝，用体积比1：1、水灰比0.25的水泥砂浆分层填实，每层厚约10cm。拱圈的合拢和填塞空缝宜在低温下进行。

（4）拱上建筑的砌筑

拱圈合拢后，待砂浆达到承压强度，即可进行拱上建筑的砌筑。空腹拱的腹拱圈，宜在主拱圈落架后再砌筑，以免因主拱圈下沉不均，使腹拱产生裂缝。

3.拱架拆除

拆架期限，主要是根据合拢处的砌筑砂浆强度能否满足静荷载的应力需要来决定。具体日期应根据跨度大小、气温高低、砂浆性能等决定。拱架卸落前，上部圬工的重量绝大部分由拱架承受，卸架后，转由拱圈负担。为避免拱圈因突然受力而发生颤动，甚至导致开裂，卸落拱架时，应分次均匀下降，每次降落均至拱架与拱圈完全脱开为止。

（三）装配式渡槽施工

装配式渡槽施工包括预制和吊装两个施工过程。

1.构件的预制

（1）槽架的预制

槽架是渡槽的支承构件，为了便于吊装，一般选择靠近槽址的场地预制。制作的方式有地面立模和砖土胎模两种。

①地面立模。在平坦夯实的地面上用重量比为1∶3∶8的水泥、黏土、砂浆混合物抹面，厚约1cm，压抹光滑作为底模，立上侧模后浇制，拆模后，当强度达到70%时，即可移出存放，以便重复利用场地。

②砖土胎模。其底模和侧模均采用砖或夯实土做成，与构件的接触面用水泥黏土砂浆抹面，并涂上脱模剂即可。使用土模应做好四周的排水工作。高度在15m以上的排架，如果受起重设备能力的限制，可以分段预制。吊装时，分段定位，用焊接固定接头，待槽身就位后，再浇二期混凝土。

（2）槽身的预制

为了便于预制后直接吊装，整体槽身预制宜在两排架之间或排架一侧进行，槽身的方向可垂直或平行于渡槽的纵向轴线，根据吊装设备和方法而定。要避免因预制位置选择不当而在起吊时发生摆动或冲击现象。

U形薄壳梁式槽身的预制，有正置和反置两种浇筑方式。正置浇筑是槽口向上，优点是内模板拆除方便，吊装时无须翻身，但底部混凝土不易捣实，适用于大型渡槽或槽身不便翻身的工地。反置浇筑是槽口向下，优点是捣实较易，质量容易保证，且拆模快，用料少等；缺点是增加了翻身的工序。

矩形槽身可以事先预制也可分块预制。中、小型工程，槽身预制采用砖土材料制模。

（3）预应力构件的制造

在制造装配式梁、板及柱时采取预应力钢筋混凝土结构，不仅能提高混凝土的抗裂性与耐久性，减轻构件自重，并可节约钢筋20%~40%。预应力就是在构件使用前预先加一个力，使构件产生应力，以抵消构件使用时荷载产生相反的应力。制造预应力钢筋混凝土构件的方法很多，基本上分为先张法和后张法两大类。

①先张法。在浇筑混凝土之前，先将钢筋张拉固定，然后立模浇筑混凝土。等混凝土完成硬化后，去掉张拉设备或剪断钢筋，利用钢筋弹性收缩的作用，通过钢预制横拉梁筋与混凝土间的黏结力把压力传给混凝土，使混凝土产生预应力。

②后张法。在混凝土浇好以后再张拉钢筋。具体就是在设计配置预应力钢筋的部位预先留出孔道，等到混凝土达到设计强度后，再穿入钢筋进行张拉，张拉锚固后让混凝土获得预应力，并在孔道内灌浆，最后卸去锚固外面的张拉设备。

2.梁式渡槽的吊装

装配式渡槽的吊装工作是渡槽施工中的主要环节，必须根据渡槽形式、尺寸、构件重量、吊装设备能力、地形和自然条件、施工队伍的素质及进度要求等因素，进行具体分析比较，选定快速简便、经济合理和安全可靠的吊装方案。

（1）槽架的吊装

槽架下部结构有支柱、横梁和整体排架等。支柱和排架的吊装通常有垂直起吊插装和就地转起立装两种。垂直起吊插装是用起重设备将构件垂直吊离地面后，插入杯形基础，先用木楔临时固定，校正标高和平面位置后，再填充混凝土做永久固定。就地转起立装法与扒杆的竖立法相同，两支柱间的横梁仍用起重设备吊装，吊装次序由下而上；将横梁先放置在固定于支柱上的三角撑铁上，位置校正无误后即焊接梁与柱的连接钢筋，并浇二期混凝土，使支柱与横梁成为整体，待混凝土达到一定强度后再将三角撑铁拆除。

（2）槽身的吊装

装配式渡槽槽身的吊装基本上可分为两类，即起重设备架立于地面上吊装及起重设备架立于槽墩或槽身上吊装。

第六章 水利工程施工成本与进度管理

在水利工程施工建设中，要严格控制和监督施工进度和施工成本，同时保障施工质量和安全，要建立健全施工进度、成本控制体系，加强各部门之间的协调合作，严格贯彻各项监管制度，做好预测工作，保证水利工程顺利施工并获取最大的工程效益。

第一节 水利工程施工成本管理

一、施工项目成本管理的基本任务

（一）施工项目成本的概念

施工项目成本是指建筑施工企业完成单位施工项目所发生的全部生产费用的总和，包括完成该项目所发生的人工费、材料费、施工机械费、措施项目费、管理费，但是不包括利润和税金，也不包括构成施工项目价值的一切非生产性支出。

施工项目成本的构成如下：

1.直接成本

直接工程费：①人工费；②材料费；③施工机械使用费。

措施费：①环境保护费、文明施工费、安全施工费；②临时设施费、夜间施工费、二次搬运费；③大型机械设备进出场及安装费；④混凝土、钢筋混凝土模板及支架费；⑤脚手架费、已完成工程及设备保护费、施工排水费、降水费。

2.间接成本

规费：①工程排污费、工程定额测定费、住房公积金；②社会保障费，包括养老、失业、医疗保险费；③危险作业意外伤害保险费。

企业管理费：①管理人员工资、办公费、差旅交通费、工会经费；②固定资产使用费、工具用具使用费、劳动保险费；③职工教育经费、财产保险费、财务费。

（二）施工项目成本的主要形式

1.直接成本和间接成本

施工项目成本按照生产费用计入成本的方法可分为直接成本和间接成本。直接成本是

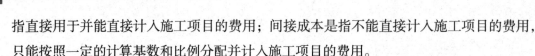

指直接用于并能直接计入施工项目的费用；间接成本是指不能直接计入施工项目的费用，只能按照一定的计算基数和比例分配并计入施工项目的费用。

2.固定成本和变动成本

施工项目成本按照生产费用与产量的关系可分为固定成本和变动成本。在一段时间和一定工程量的范围内，固定成本不会随工程量的变动而变动；变动成本则会随工程量的变化而变动。

3.预算成本、计划成本和实际成本

施工项目成本按照发生的时间可分为预算成本、计划成本和实际成本。预算成本是根据施工图、结合国家或地区的预算定额及施工技术等条件计算出的工程费用。它是确定工程造价和施工企业投标的依据，也是编制计划成本和考核实际成本的依据。它反映的是一定范围内的平均水平。计划成本是施工项目经理在施工前，根据施工项目成本管理目的，结合施工项目的实际管理水平编制的计算成本。编制计划成本有利于加强项目成本管理，建立健全施工项目成本责任制，控制成本消耗，提高经济效益。它反映的是企业的平均先进水平。实际成本是施工项目在报告期内通过会计核算计算出的项目的实际消耗。

（三）施工项目成本管理的基本内容

施工项目成本管理包括成本预测和决策、成本计划编制、成本计划实施、成本核算、成本检查、成本分析及成本考核。成本计划的编制与实施是关键的环节，因此，在进行施工项目成本管理的过程中，必须具体研究每一项内容的有效工作方式和关键控制措施，从而使施工项目整体的成本控制获得预期效果。

1.施工项目成本预测

施工项目成本预测是根据一定的成本信息、结合施工项目的具体情况、采用一定的方法对施工项目成本可能发生或发展的趋势做出的判断和推测。成本决策则是在预测的基础上确定降低成本的方案，并从可选的方案中选择最佳的成本方案。

成本预测的方法有定性预测法和定量预测法。

（1）定性预测法

定性预测是指具有一定经验的人员或有关专家依据自己的经验和能力水平对成本未来发展的态势或性质做出分析和判断。该方法受人为因素影响很大，并且不能量化，具体包括专家会议法、专家调查法、主观概率预测法。

（2）定量预测法

定量预测法是指根据收集的比较完备的历史数据，运用一定的方法计算分析，以此来判断成本变化的情况。此法受历史数据的影响较大，可以量化，具体包括移动平均法、指

数滑移法、回归预测法。

2.施工项目成本计划

成本计划是一切管理活动的首要环节。施工项目成本计划是在预测和决策的基础上对成本的实施做出计划性的安排和布置，是施工项目降低成本的指导性文件。

制订施工项目成本计划的原则如下：

①从实际出发。根据国家的方针政策，从企业的实际情况出发，充分挖掘企业内部潜力，使降低成本指标切实可行。

②与其他目标计划相结合。制订工程项目成本计划必须与其他各项计划密切结合。一方面，工程项目成本计划要根据项目的生产、技术组织措施、劳动工资、材料供应等计划来编制；另一方面，工程项目成本计划又影响着其他各种计划指标，适应降低成本指标的要求。

③采用先进的经济技术定额的原则。并结合工程的具体特点,采取切实可行的技术组织措施作保证。

④统一领导、分级管理。在项目经理的领导下，以财务和计划部门为中心，发动全体职工共同总结降低成本的经验，找出降低成本的正确途径。

⑤弹性原则。应留有充分的余地，保持目标成本有一定弹性。在制定期内，项目经理部内外技术经济状况和供销条件会发生一些不可预料的变化，尤其是供应材料，市场价格千变万化，给目标的制定带来了一定的困难，因而在制定目标时应充分考虑这些情况，使成本计划保持一定的适应能力。

3.施工项目成本核算

施工项目成本核算是指对项目施工过程中所发生的各种费用进行核算。它包括两个基本的环节：一是归集费用，计算成本实际发生额；二是采取一定的方法计算施工项目的总成本和单位成本。

（1）施工项目成本核算的对象

①一个单位工程由几个施工单位共同施工，各单位都应以同一单位工程作为成本核算对象。

②规模大、工期长的单位工程可以划分为若干部位，以分部工程作为成本核算对象。

③同一建设项目，由同一施工单位施工，在同一施工地点，属于同一结构类型，开工、竣工时间相近的若干单位工程可以合并作为一个成本核算对象。

④改、扩建的零星工程可以将开工、竣工时间相近，且属于同一个建设项目的各单位工程合并成一个成本核算对象。

⑤土方工程、打桩工程可以根据实际情况，以一个单位工程为成本核算对象。

（2）工程项目成本核算的基本框架

①人工费核算：内包人工费、外包人工费。

②材料费核算：编制材料消耗汇总表。

③周转材料费核算：实行内部租赁制；项目经理部与出租方按月结算租赁费用；周转材料进出时，加强计量验收制度；租用周转材料的进退场费，按照实际发生数，由调入方承担；对U形卡、脚手架等零件，在竣工验收时进行清点，按实际情况计入成本；租赁周转材料时，不再分配承担周转材料差价。

④结构件费核算：按照单位工程使用对象编制结构件耗用月报表；结构件单价以项目经理部与外加工单位签订的合同为准；耗用的结构件品种和数量应与施工产值相对应；结构件的高进、高出价差核算同材料费的高进、高出价差核算一致，如发生结构件的一般价差，可计入当月项目成本；部位分项分包工程，按照企业通常采用的类似结构件管理核算方法，在结构件外加工和部位分项分包工程施工过程中，尽量获取经营利益或转嫁压价、让利风险所产生的利益。

⑤机械使用费核算：机械设备实行内部租赁制；租赁费根据机械使用台班、停用台班和内部租赁价计算，计入项目成本；机械进出场费，按规定由承租项目承担；各类大中小型机械，其租赁费全额计入项目机械成本；结算原始机械，按当月租赁费用金额计入项目机械成本。

⑥其他直接费核算：材料二次搬运费、临时设施摊销费、生产工具用具使用费；除上述费用外，其他直接费均按实际发生时的有效结算凭证计算，计入项目成本。

⑦施工间接费核算：要求以项目经理部为单位编制工资单和奖金单，列支工作人员薪金；劳务公司所提供的炊事人员、服务人员、警卫人员承包服务费计入施工间接费；内部银行的存贷利息，计入内部利息；先按项目归集施工间接费总账，再按一定分配标准计入收益成本。

⑧分包工程成本核算：包清工工程，纳入外包人工费内核算；部位分项分包工程，纳入结构件费内核算；机械作业分包工程，只统计分包费用，不包括物耗价值；项目经理部应增设分建成本项目，核算双包工程、机械作业分包工程的成本状况。

4.施工项目成本分析

施工项目成本分析就是在成本核算的基础上采用一定的方法，对所发生的成本进行比较分析，检查成本发生的合理性，找出成本的变动规律，寻求降低成本的途径。施工项目成本分析方法主要有对比分析法、连环替代法、差额计算法和挣值法。

（1）对比分析法

对比分析法是通过实际完成成本与计划成本或承包成本进行对比，找出差异，分析原因，以便改进。这种方法简单易行，但注意比较指标的内容要保持一致。

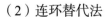

（2）连环替代法

连环替代法可用来分析各种因素对成本形成的影响。分析的顺序是：先绝对量指标，后相对量指标；先实物量指标，后货币量指标。

（3）差额计算法

差额计算法是因素分析法的简化。

（4）挣值法

挣值法主要用来分析成本目标实施与期望之间的差异，是一种偏差分析方法。

5.成本考核

成本考核就是在施工项目竣工后，对项目成本的负责人考核其成本完成情况，以做到有奖有罚，避免"吃大锅饭"，以提高职工的劳动积极性。

施工项目成本考核的目的是，通过衡量项目成本降低的实际成果，对成本指标完成情况进行总结和评价。

施工项目成本考核应分层进行，企业对项目经理部进行成本管理考核，项目经理部对项目部内部各作业队进行成本管理考核。

施工项目成本考核的内容是既要对计划目标成本的完成情况进行考核，又要对成本管理工作业绩进行考核。

施工项目成本考核的要求如下：

①企业对项目经理部进行考核的时候，以责任目标成本为依据。

②项目经理部以控制过程为考核重点。

③成本考核要与进度、质量、安全指标的完成情况相联系。

④应形成考核文件，为对责任人进行奖罚提供依据。

二、施工项目成本控制

（一）施工项目成本控制的原则

①以收定支的原则。

②全面控制的原则。

③动态性原则。

④目标管理原则。

⑤例外性原则。

⑥责、权、利、效相结合的原则。

（二）施工项目成本控制的依据

①工程承包合同。

②施工进度计划。

③施工项目成本计划。

④各种变更资料。

（三）施工项目成本控制的步骤

①比较施工项目成本计划与实际的差值，确定是节约还是超支。

②分析节约或超支的原因。

③预测整个项目的施工成本，为决策提供依据。

④施工项目成本计划在执行的过程中出现偏差，采取相应的措施加以纠正。

⑤检查成本完成情况，为今后的工作积累经验。

（四）施工项目成本控制的手段

1.计划控制

计划控制是用计划的手段对施工项目成本进行控制。施工项目成本预测和决策为成本计划的编制提供依据。编制成本计划应先设计降低成本的技术组织措施，再编制降低成本的计划，将承包成本额降低而形成计划成本，从而成为施工过程中成本控制的标准。

成本计划编制方法有以下两种：

（1）定额估算法

在概预算编制能力较强、定额比较完备的情况下，特别是施工图预算与施工预算编制经验比较丰富的企业，施工项目成本目标可采用定额估算法确定。施工图预算反映的是完成施工项目任务所需的直接成本和间接成本，它是招标投标中编制标底的依据，也是施工项目考核经营成果的基础。施工预算是施工项目经理部根据施工定额制定的，作为内部经济核算的依据。

（2）计划成本法

施工项目成本计划的编制方法通常有以下几种。

①施工预算法。计算公式为：

计划成本＝施工预算成本－技术措施节约额

②技术措施法。计算公式为：

计划成本＝施工图预算成本－技术措施节约额

③成本习性法。计算公式为：

计划成本＝施工项目变动成本＋施工项目固定成本

④按实计算法。指施工项目部以该项目的施工图预算的各种消耗量为依据，结合成本

计划降低目标，由各职能部门结合本部门的实际情况，分别计算各部门的计划成本，最后汇总得出项目的总计划成本的方法。

2.预算控制

预算控制是在施工前根据一定的标准或者要求计算的买卖价格，在市场经济中也可以叫作估算或承包价格。它作为一种收入的最高限额，减去预期利润，便是工程预算成本数额，也可以用来作为成本控制的标准。用预算控制成本可分为两种类型：一是包干预算，即一次性固定预算总额，不论中间有何变化，成本总额不予调整；二是弹性预算，即先确定包干总额，但是可根据工程的变化进行商洽，做出相应的变动。我国目前大部分工程采用弹性预算控制。

3.会计控制

会计控制是指以会计方法为手段，以记录实际发生的经济业务及证明经济业务的合法凭证为依据，对成本的支出进行核算与监督，从而发挥成本控制作用。会计控制方法系统性强、严格、具体、计算准确、政策性强，是理想的也是必需的成本控制方法。

4.制度控制

制度是对例行活动应遵行的方法、程序、要求及标准做出的规定。成本的制度控制就是通过制定成本管理的制度，对成本控制做出具体的规定，并以此作为行动的准则，约束管理人员和工人，达到控制成本的目的。成本管理责任制度、技术组织措施制度、定额管理制度、材料管理制度、劳动工资管理制度、固定资产管理制度等，都与成本控制关系非常密切。在施工项目成本管理中，上述手段应同时进行并综合使用，不应孤立地使用某一种控制手段。

（五）施工项目成本控制常用的方法

1.偏差分析法

在施工项目成本控制中，把已完工工程成本的实际值与计划值的差异称为施工项目成本偏差。若计算结果为正数，表示施工项目成本超支；反之，则为成本节约。该方法为事后控制的一种方法，也可以说是成本分析的一种方法。

2.以施工图预算控制成本

采用此法时，要认真分析企业实际的管理水平与定额水平之间的差异，否则达不到控制成本的目的。

（1）人工费的控制

项目经理与施工作业队签订劳动合同时，应该将人工费单价定得低一些，其余的部分可以用于定额外人工费和关键工序的奖励费。这样，人工费就不会超支，而且还留有余

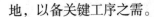

地，以备关键工序之需。

（2）材料费的控制

在按"量价分离"方法计算工程造价的条件下，水泥、钢材、木材的价格由市场价格而定，实行高进高出。因为材料价格随市场价格变动频繁，所以项目材料管理人员必须经常关注材料市场价格的变动情况，并积累详细的市场信息。

（3）周转设备使用费的控制

施工图预算中的周转设备使用费为耗用数与市场价格之积，而实际发生的周转设备使用费等于企业内部的租赁价格或摊销费，由于两者计算方法不同，只能以周转设备预算费的总量来控制实际发生的周转设备使用费的总量。

（4）施工机械使用费的控制

施工图预算中的施工机械使用费＝工程量×定额台班单价。由于施工项目的特殊性，实际的机械使用率不可能达到预算定额的确定水平，加上机械的折旧率又有较大的滞后性，施工图预算中的施工机械使用费往往小于实际发生的施工机械使用费。在这种情况下，就可以用施工图预算中的施工机械使用费和增加的机械费补贴来控制机械费的支出。

（5）构件加工费和分包工程费的控制

在市场经济条件下，混凝土构件、金属构件、木制品和成型钢筋的加工，以及相关的打桩、吊装、安装、装饰和其他专项工程的分包，都要以经济合同来明确双方的权利和义务。签订这些合同的时候绝不允许合同金额超过施工图预算。

3.以施工预算控制成本消耗

以施工预算控制成本消耗，即以施工过程中的各种消耗量为控制依据，以施工图预算所确定的消耗量为标准，人工单价、材料价格、机械台班单价则以承包合同所确定的单价为控制标准。该方法由于所选的定额是企业定额，能反映企业的实际情况，控制标准相对能够结合企业实际，比较切实可行。具体的处理方法如下：

①项目开工以前，编制整个工程项目的施工预算，作为指导和管理施工的依据。

②对生产班组的任务安排，必须签发施工任务单和限额领料单，并向生产班组进行技术交底。

③施工任务单和限额领料单在执行过程中，要求生产班组根据实际完成的工程量和实际消耗人工、实际消耗材料做好原始记录，作为施工任务单和限额领料单结算的依据。

④在任务完成后，根据回收的施工任务单和限额领料单进行结算，并按照结算内容支付报酬。

三、工程价款的结算与索赔

（一）工程价款的结算

1.工程价款类别

（1）预付工程款

预付工程款是指施工合同签订后工程开工前，发包方预先支付给承包方的工程价款。该款项一般用于准备材料，所以又称工程备料款。预付工程款不得超过合同金额的30%。

（2）工程进度款

工程进度款是指在施工过程中，根据合同约定按照工程形象进度，划分不同阶段支付的工程款。

（3）工程尾款

工程尾款是指工程竣工结算时保留的工程质量保证金，待工程保修期满后清算的款项。其中，竣工结算是指工程竣工后，根据施工合同、招标投标文件、竣工资料、现场签证等编制的工程结算总造价文件。根据竣工结算文件，承包方与发包方办理竣工总结算。

2.工程价款结算办法

（1）预付工程款结算办法

①包工包料工程的预付工程款按合同约定拨付，原则上预付比例不低于合同金额的10％，不高于合同金额的30％。对于重大工程项目，按年度工程计划逐年预付。

②在具备施工条件的前提下，发包人应在双方签订合同后的一个月内或不迟于约定开工日期前的7d内支付预付工程款；发包人不按约定支付时，承包人应在预付时间到期后10d内向发包人发出要求预付的通知；发包人收到通知后仍不按要求预付时，承包人可于发出通知14d后停止施工，发包人应向承包人支付从约定应付之日起计算的应付款利息，并承担违约责任。

③预付的工程款必须在合同中约定抵扣方式，并在工程进度款中进行抵扣。

④凡是没有签订合同或不具备施工条件的工程，发包人不得预付工程款，不得以预付工程款的名义转移资金。

（2）工程进度款结算办法

①按月结算与支付，即实行按月支付进度款、竣工后清算的方法。合同工期在两年以上的工程，须在年终进行工程盘点，办理年度结算。

②分段结算与支付，即当年开工、当年不能竣工的工程，按照工程进度、形象进度划分不同的阶段支付工程进度款。具体划分方式在合同中明确规定。

工程进度款支付时应遵循以下原则：

①根据工程计量结果，承包人应向发包人提出支付工程进度款申请，在承包人发出申

请后14d内，发包人应按不低于工程价款的60%、不高于工程价款的90%向承包人支付工程进度款。

②发包人超过约定的支付时间不支付工程进度款时，承包人应及时向发包人发出要求付款通知，发包人收到承包人通知后仍不能按照要求付款时，可与承包人协商签订延期付款的协议，经承包人同意后可延期付款，协议应明确延期支付的时间，并从工程计量结果确认后第15d起计算应付款的利息。

③发包人不按合同约定支付工程进度款，双方又未达成延期付款的协议，导致施工无法进行时，承包人可停止施工，由发包人承担违约责任。

工程尾款结算与竣工结算密切相关，故在竣工结算部分一并讲解。

3. 竣工结算

工程竣工后，双方应按照合同价款、合同价款的调整内容以及索赔事项，进行工程竣工结算。

（1）工程竣工结算的方式

工程竣工结算分为单位工程竣工结算、单项工程竣工结算和建设项目竣工总结算。

（2）工程竣工结算的审编

单位工程竣工结算由承包人编制，发包人审查。实行总承包的工程，由具体承包人编制，在总承包人审查的基础上，发包人审查。

单项工程竣工结算或者建设项目竣工总结算由总承包人编制，发包人可直接进行审查，也可以委托具有相关资质的工程造价机构进行审查。政府投资项目由同级财政部门审查。单项工程竣工结算或建设项目竣工总结算经发、承包人签字盖章后有效。

（3）工程竣工结算审查期限

单项工程竣工后，承包人应在提交竣工验收报告的同时，向发包人递交竣工结算报告及完整的结算资料，发包人按以下规定时限进行核对并提交审查意见：

①工程价款结算金额在500万元以下的，从接到竣工结算报告和完整的竣工结算资料之日起20d。

②工程价款结算金额在500万~2 000万元的，从接到竣工结算报告和完整的竣工结算资料之日起30d。

③工程价款结算金额在2 000万~5 000万元的，从接到竣工结算报告和完整的竣工结算资料之日起45d。

④工程价款结算金额在5 000万元以上的，从接到竣工结算报告和完整的竣工结算资料之日起60d。

建设项目竣工总结算在最后一个单项工程竣工结算审查确认后15d内汇总，送发包人30d内审查完毕。

（4）合同外零星项目工程价款结算

发包人要求承包人完成合同之外的零星项目，承包人应在接受发包人要求的7d内就用工数量和单价、机械台班数量和单价、使用材料金额等向发包人提出施工签证，由发包人签证后施工，如发包人未签证，承包人施工后发生争议的，责任由承包人承担。

（5）工程尾款

发包人根据确认的竣工结算报告向承包人支付竣工结算款，保留5%左右的质量保证金，待工程交付使用、质保期满后清算，质保期内如果有返修，发生的费用应在质量保证金中扣除。

（二）工程索赔

1.索赔的原因

（1）业主违约

业主违约常表现为业主或其委托人未能按合同约定为承包商提供施工的必要条件，或未能在约定的时间内支付工程款，有时也可能是监理工程师的不恰当决定或苛刻的检查等引起索赔。

（2）合同缺陷

合同缺陷是指合同文件规定不严谨甚至矛盾、有遗漏或错误等。因合同缺陷产生索赔对于合同双方来说是不应该发生的，除非某一方存在恶意而另一方又太马虎。

（3）施工条件变化

施工条件的变化对工程造价和工期影响较大。

（4）工程变更

施工中发现设计问题、改变质量等级或施工顺序、指令增加新的工作、变更建筑材料、暂停或加快施工等常常会导致工程变更。

（5）工期拖延

施工中受天气、水文地质等因素的影响常常出现工期拖延。

（6）监理工程师的指令

监理工程师的指令可能造成工程成本增加或工期延长。

（7）国家政策及法律、法规变更

对直接影响工程造价的政策及法律、法规的变更，合同双方应按约定的办法处理。

2.索赔价款结算

发包人未能按合同约定履行自己的各项义务或发生错误，给另一方造成经济损失的，由受损方按合同约定条款提出索赔，索赔金额按合同约定支付。

第二节　水利工程施工进度管理

一、进度管理概述

（一）进度的概念

进度通常是指工程项目实施结果的进展情况，在工程项目实施过程中要消耗时间、劳动力、材料、成本等才能完成项目的任务。当然，项目实施结果应该以项目任务的完成情况来表达，但由于工程项目对象系统的复杂性，常常很难选定一个恰当的、统一的指标来全面反映工程的进度。有时时间和费用都与计划吻合，但工程实物进度未达到目标，则后期就必须投入更多的时间和费用。

在现代工程项目管理中，人们已赋予进度以综合的含义。进度将工程项目任务、工期、成本有机地结合起来，形成一个综合的指标，能全面反映项目的实施状况。进度控制已不只是传统的工期控制，而是将工期与工程实物、成本、劳动消耗、资源等统一起来进行综合控制。

（二）进度指标

进度控制的基本对象是工程活动。它包括项目结构图上各个层次的单元，上至整个项目，下至各个工作包。项目进度状况通常是将各工程活动完成程度逐层统计、汇总计算得到的。进度指标的确定对进度的表达、计算、控制有很大影响。由于一个工程有不同的子项目、工作包，它们工作内容和性质不同，必须挑选一个共同的、对所有工程活动都适用的计量单位。

1.持续时间

持续时间是进度的重要指标。人们常用已经使用的工期与计划工期相比较以描述工程完成程度。

2.按工程活动的结果状态数量描述

按工程活动的结果状态数量描述主要是针对专门的领域，其生产对象简单、工程活动简单。特别是当项目的任务仅为完成这些分部工程时，以它们做指标比较能反映实际情况。

3.已完成工程的价值量

已完成工程的价值量根据已经完成的工作量与相应的合同价格或预算价格计算。它将不同种类的分项工程统一起来，能够较好地反映工程的进度状况，是常用的进度指标。

（三）工期控制和进度控制

工期和进度是两个既互相联系、又有区别的概念。

从工期计划中可以得到各项目单元的计划工期的时间参数，这些参数分别表示各层次的项目单元的持续、开始和结束时间及允许的变动余地等，因此工期可以作为项目的目标之一。

工期控制的目的是使工程实施活动与上述工期计划在时间上吻合，即保证各工程活动按计划开工、按时完成，保证总工期不推迟。

进度控制的总目标与工期控制是一致的，但在控制过程中，它不仅追求时间上的吻合，而且追求在一定时间内工作量的完成程度或消耗与计划的一致性。

进度控制和工期控制的关系如下：

①工期常常作为进度的一个指标，它在表示进度计划及其完成情况时有重要作用。进度控制首先表现为工期控制，有效的工期控制能实现有效的进度控制，但仅用工期表达进度会产生误导。

②进度的拖延最终会表现为工期拖延。

③进度的调整常常表现为对工期的调整，为加快进度，可改变施工次序，增加资源投入，即通过采取措施使总工期提前。

（四）进度控制的过程

①采用各种控制手段保证项目及各个工程活动按计划及时开始，在工程实施过程中记录各工程活动的开始时间、结束时间及完成程度。

②在各控制期末将各活动的完成程度与计划对比，确定整个项目的完成程度，并结合工期、生产成果、劳动效率、消耗等指标，评价项目进度状况，分析其中的问题。

③对下期工作做出安排，对一些已开始但尚未结束的项目单元的剩余时间做估算，提出调整进度的措施，根据工程已完成状况做出新的安排和计划，调整网络计划，重新进行网络计划分析，预测新的工期状况。

④对调整措施和新计划做出评审，分析调整措施的效果，分析新的工期是否符合目标要求。

二、实际工期和进度的表达

（一）工作包的实际工期和进度的表达

进度控制的对象是各个层次的项目单元，而最低层次的工作包是主要对象，有时进度控制还要细到具体的网络计划中的工程活动。有效的进度控制必须能迅速且正确地在项目参加者的工作岗位上反映一系列进度信息。

项目正式开始后，必须监控项目的进度以确保每项活动按计划进行，掌握各工作包的实际工期信息，如实际开始时间，记录并报告工期受到的影响及原因，这些必须明确反映在工作包的信息卡上。

工作包所达到的实际状态，即完成程度和已消耗的资源。在项目控制期末，对各工作包的实施状况、完成程度、资源消耗量进行统计。这时，如果一个工程活动已完成或未开始，则已完成的进度为100%，未开始的为0，但这时必然有许多工程活动已开始但尚未完成。为了便于比较精确地进行进度控制和成本核算，必须定义它的完成程度，通常有如下五种定义模式：

①开始后、完成前一直为0，直到完成才为100%，这是一种比较悲观的表示模式。

②一经开始，直到完成前都认为已完成50%，完成后才为100%。

③按已完成的工作量占总计划工作量的比例计算。

④按已消耗工期占计划工期的比例计算。这在横道图计划与实际工期对比和网络调整中得到应用。

⑤按工序分析、定义。这里要分析工作包的工作内容和步骤，并定义各个步骤的进度份额。各步骤占总进度的份额由进度描述指标的比例来计算。

当工作包内容复杂，无法用统一的、均衡的指标衡量时，可以采用按工序定义的方法，该方法的好处是可以排除工时投入浪费、初期的低效率等造成的影响，可以较好地反映工程进度。

工程活动完成程度的定义不仅对进度描述和控制有重要作用，有时还是业主与承包商之间进行工程价款结算的重要参数。

预算工作包到结束尚需要的时间或结束的日期，常常需要考虑剩余工作量、已产生的拖延、后期工作效率等因素。

（二）施工项目进度控制的方法

施工项目进度控制是工程项目进度控制的主要环节，常用的控制方法有横道图控制法等。

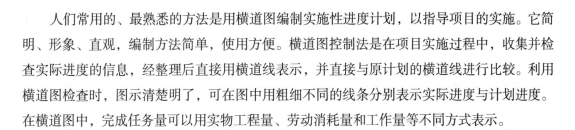

人们常用的、最熟悉的方法是用横道图编制实施性进度计划，以指导项目的实施。它简明、形象、直观，编制方法简单，使用方便。横道图控制法是在项目实施过程中，收集并检查实际进度的信息，经整理后直接用横道线表示，并直接与原计划的横道线进行比较。利用横道图检查时，图示清楚明了，可在图中用粗细不同的线条分别表示实际进度与计划进度。在横道图中，完成任务量可以用实物工程量、劳动消耗量和工作量等不同方式表示。

（三）进度计划实施中的调整方法

1.分析偏差对后续工作及工期的影响

当进度计划出现偏差时，需要分析偏差对后续工作产生的影响。分析的方法主要是利用网络计划中工作的总时差和自由时差来判断。工作的总时差不影响项目工期，但影响后续工作的最早开始时间，是工作拥有的最大机动时间；而工作的自由时差是指在不影响后续工作的最早开始时间的条件下，工作拥有的最大机动时间。利用时差分析进度计划出现的偏差，可以了解进度偏差对进度计划的局部影响和总体影响。

2.进度计划的调整方法

进度控制人员发现问题后，应对实施进度进行调整。为了实现进度计划的控制目标，究竟采取何种调整方法，要在分析的基础上确定。从实现进度计划的控制目标来看，可行的调整方案有多种，需要择优选用。一般来说，进度计划调整的方法主要有以下两种：

（1）改变工作之间的逻辑关系

改变工作之间的逻辑关系主要是通过改变关键线路上各项工作之间的先后顺序、逻辑关系来实现缩短工期的目的。通过改变工作之间的逻辑关系，变顺序关系为平行搭接关系，便可达到缩短工期的目的。这样进行调整，由于增加了工作之间的平行搭接时间，进度控制工作就显得更加重要，在实施中必须做好协调工作。

（2）改变工作延续时间

改变工作延续时间主要是对关键线路上的工作进行调整，工作之间的逻辑关系并不发生变化。

三、进度拖延原因分析及解决措施

（一）分析进度拖延原因的方法

项目管理者应按预定的项目计划定期评审项目实施进度情况，分析并确定拖延的根本原因。进度拖延是工程项目实施过程中经常发生的现象，各层次的项目单元、各个阶段都可能出现延误，分析进度拖延的原因可以采用以下方法：

①将工程活动的实际工期记录与计划进行对比，确定被拖延的工程活动及拖延量。

②采用关键线路分析的方法确定进度拖延对总工期的影响。由于各工程活动在网络计划图中所处的位置不同，其拖延对整个工期的影响不同。

（二）进度拖延的原因

进度拖延的原因是多方面的，包括计划失误、边界条件变化、管理过程中的失误和其他原因。

1.计划失误

①计划时遗漏部分必需的功能或工作。

②计划值不足，相关的实际工作量增加。

③资源或能力不足。

④出现了计划中未能考虑到的风险或状况，未能使工程实施效率达到预定的水平。

⑤在现代工程中，业主、投资者、企业主管常常在一开始就提出很紧迫的工期要求，使承包商或其他设计人、供应商的工期太紧，而且许多业主为了缩短工期，常常压缩承包商的时间。

2.边界条件变化

①工作量的变化可能是由于设计的修改、设计的错误、业主新的要求、修改项目的目标及系统范围的扩展造成的。

②外界对项目提出新的要求或限制、设计标准的提高，都可能使工程无法及时完成。

③环境条件的变化。

④发生不可抗力事件。

3.管理过程中的失误

①计划部门与实施者之间，总承包商与分包商之间，业主与承包商之间缺少沟通。

②工程实施者缺乏工期意识。

③项目参加单位没有清楚地了解各个活动之间的逻辑关系，下达任务时也没有做详细的解释，同时，对活动的必要前提条件准备不足，各单位之间缺少协调和信息沟通，许多工作脱节，资源供应出现问题。

④因其他方面未完成项目计划规定的任务而造成拖延。

⑤承包商没有集中力量施工、材料供应拖延、资金缺乏、工期控制不紧，这可能是由于承包商同期开工的工程太多，力量不足造成的。

⑥业主没有集中资金的供应，拖欠工程款，或业主的材料、设备供应不及时。

⑦其他原因，因采取其他调整措施而造成工期拖延。

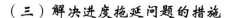

（三）解决进度拖延问题的措施

1.基本策略

对已产生的进度拖延可以采取如下基本策略：

①采取积极的措施赶工，以弥补或部分弥补已经产生的拖延。主要通过调整后期计划、采取措施赶工、修改网络计划等方法解决进度拖延问题。

②不采取特别的措施，在目前进度状态的基础上，仍按照原计划安排后期工作。但在通常情况下，拖延的影响会越来越大。这是一种消极的办法，最终结果必然会损害工期目标和经济效益。

2.可以采取的赶工措施

与在计划阶段压缩工期一样，解决进度拖延问题有许多方法，但每种方法都有它的适用条件、限制，也必然会带来一些负面影响。在人们以往的讨论以及实际工作中，都将重点集中在时间问题上，这是不对的。许多措施实施后常常没有效果，或引起其他更严重的问题，最典型的是增加成本开支、造成现场混乱和引起质量问题。因此，应该将它作为一个新的计划过程来处理。

赶工措施应符合项目的总目标与总战略。措施应是有效的、可以实现的，花费比较省，对项目的实施及承包商、供应商的影响较小。在制订后续工作计划时，这些措施应与项目的其他过程协调。

在实际工作中，人们常常采用许多事先认为有效的措施，但实际效力却很小，达不到预期的缩短工期的效果。

第七章　水利工程施工质量管理

水利工程建设目的主要是服务于人民，除害兴利，从而使自然界水资源得到合理分配。并且水利工程建设关系着国计民生，其不仅与人们的日常生活息息相关，还影响着整个社会的经济运行，基于此，本章阐述了水利工程施工质量管理的主要内容，对影响水利工程施工质量管理的主要因素管理其策略进行了简要分析，旨在保障水利工程可靠运行。

第一节　质量管理概述

一、工程项目质量和质量控制的概念

（一）工程项目质量

质量是反映实体满足明确或隐含需要能力的特性的总和。工程项目质量是国家现行的有关法律、法规、技术标准、设计文件及工程承包合同对工程的安全、适用、经济、美观等特征的综合要求。

从功能和使用价值来看，工程项目质量体现在适用性、可靠性、经济性、外观质量与环境协调等方面。因工程项目是依据项目法人的需求而兴建的，故各工程项目的功能和使用价值的质量应满足不同项目法人的需求，并无统一标准。

从工程项目质量的形成过程来看，工程项目质量包括工程建设各个阶段的质量，即可行性研究质量、工程决策质量、工程设计质量、工程施工质量、工程竣工验收质量。

工程项目质量具有两个方面的含义：①工程产品的特征性能，即工程产品质量；②参与工程建设的各方面的工作水平、组织管理等，即工作质量。工作质量包括社会工作质量和生产过程工作质量。社会工作质量主要是指社会调查、市场预测、维修服务等的质量；生产过程工作质量主要包括管理工作质量、技术工作质量、后勤工作质量等，最终将反映在工序质量上，而工序质量直接受人、原材料、机具设备、工艺及环境五方面因素的影响。因此，工程项目质量是各环节、各方面工作质量的综合反映，而不是单纯靠质量检验查出来的。

（二）工程项目质量控制

质量控制是指为达到质量要求而采取相应的作业技术和实施相关作业活动，工程项目质量控制实际上就是对工程在可行性研究、勘测设计、施工准备、建设实施、后期运行等各阶段、各环节、各因素的全程、全方位的质量监督控制。工程项目质量有一个产生、形成和实现的过程，应控制这个过程中的各环节，以满足工程合同、设计文件、技术规范规定的质量标准。在我国的工程项目建设中，工程项目质量控制按其实施者的不同，可分为以下三类：

1.项目法人方面的质量控制

项目法人方面的质量控制，主要是委托监理单位依据国家的法律、规范、标准和工程建设的合同文件，对工程建设进行监督和管理。其特点是外部的、横向的、不间断的控制。

2.政府方面的质量控制

政府方面的质量控制是通过政府的质量监督机构来实现的，其目的在于维护社会公共利益，保证技术性法规和标准的贯彻执行。其特点是外部的、纵向的、定期或不定期抽查。

3.承包人方面的质量控制

承包人主要是通过建立健全质量保证体系，加强工序质量管理，严格施行"三检制"，避免返工，提高生产效率等方式来进行质量控制。其特点是内部的、自身的、连续的控制。

二、工程项目质量的特点

建筑产品具有位置固定、生产流动性、项目单件性、生产一次性、受自然条件影响大等特点，这决定了工程项目质量具有以下特点：

①影响因素多。影响工程质量的因素是多方面的，人、机械、材料、方法、环境等均直接或间接地影响着工程质量，尤其是水利水电工程项目主体工程的建设，一般由多家承包单位共同完成，故其质量形式更为复杂，影响因素更多。

②质量波动大。由于工程建设周期长，在建设过程中易受到系统因素及偶然因素的影响，产品质量易产生波动。

③质量变异大。由于影响工程质量的因素较多，任何因素的变异均会引起工程项目的质量变异。

④质量具有隐蔽性。由于工程项目在实施过程中，工序交接多，中间产品多，隐蔽工程多，取样数量受到各种因素、条件的限制，产生错误判断的概率增大。

⑤终检局限性大。因为建筑产品具有位置固定等自身特点，质量检验时不能解体、拆卸，所以在工程项目终检验收时难以发现工程内在的、隐蔽的质量缺陷。

此外，质量、进度和投资目标三者之间既对立又统一的关系，使工程质量受到投资、进度的制约。因此，应针对工程质量的特点，严格控制质量，并将质量控制贯穿于项目建设的全过程。

三、工程项目质量控制的原则

在工程项目建设过程中，其质量控制应遵循以下四项原则：

（一）质量第一原则

"百年大计，质量第一"，工程建设与国民经济的发展和人民生活的改善息息相关。质量的好坏直接关系到国家能否繁荣富强，人民生命财产能否安全，子孙能否幸福，所以必须牢固树立"质量第一"的思想。

要确立质量第一的原则，必须弄清并且摆正质量和数量、质量和进度之间的关系。不符合质量要求的工程，数量和进度都将失去意义，也没有任何使用价值，而且数量越多、进度越快，国家和人民遭受的损失也将越大。因此，好中求多、好中求快、好中求省才符合质量管理要求。

（二）预防为主原则

对于工程项目的质量，我国长期以来采取事后检验的方法，认为严格检查就能保证质量，实际上这是远远不够的，应该从消极防守的事后检验变为积极预防的事前管理。因为，好的建筑产品是好的设计、好的施工所产生的，不是检查出来的。必须在项目管理的全过程中，事先采取各种措施，消灭种种不符合质量要求的因素，以保证建筑产品质量。如果影响质量的各因素预先得到控制，工程项目的质量就有了可靠的前提条件。

（三）为用户服务原则

建设工程项目是为了满足用户的要求，尤其是要满足用户对质量的要求。真正好的质量是用户完全满意的质量。进行质量控制就是要把为用户服务的原则作为工程项目管理的出发点，贯穿到各项工作中去。同时，要在项目内部树立"下道工序就是用户"的思想。各个部门、各种工作、各类人员都有前、后的工作顺序，前道工序的工作一定要保证质量，凡达不到质量要求的不能交给下道工序，一定要使"下道工序"这个用户感到满意。

（四）用数据说话原则

质量控制必须建立在有效的数据基础之上，必须依靠能够确切反映客观实际的数字和资料，否则就谈不上科学的管理。一切用数据说话，就需要用数理统计方法对工程实体或工作对象进行科学的分析和整理，从而研究工程质量的波动情况，寻求影响工程质量的主次原因，采取改进质量的有效措施，掌握保证和提高工程质量的客观规律。

在很多情况下，评定工程质量时，虽然也按规范标准进行了检测计量，产生了一些数据，但是这些数据往往不完整、不系统，没有按数理统计要求积累数据、抽样选点，所以难以汇总分析，有时只能统计加估计，抓不住质量问题，既不能完全表达工程的内在质量状态，也不能有针对性地进行质量教育，提高企业素质。因此，必须树立起"用数据说话"的意识，从积累的大量数据中找出控制质量的规律，以保证工程项目的优质建设。

四、工程项目质量控制的任务

工程项目质量控制的任务就是，根据国家现行的有关法规、技术标准和工程合同规定的工程建设各阶段质量目标，实施全过程的监督管理。工程建设各阶段的质量目标不同，因此需要分别确定各阶段的质量控制对象和任务。

（一）工程项目决策阶段质量控制的任务

①审核可行性研究报告是否符合国民经济发展的长远规划、国家经济建设的方针政策。

②审核可行性研究报告是否符合工程项目建议书或业主的要求。

③审核可行性研究报告是否具有可靠的基础资料和数据。

④审核可行性研究报告是否符合技术经济方面的规范标准和定额等指标要求。

⑤审核可行性研究报告的内容、深度和计算指标是否达到标准要求。

（二）工程项目设计阶段质量控制的任务

①审查设计基础资料的正确性和完整性。

②编制设计招标文件，组织设计方案竞赛。

③审查设计方案的先进性和合理性，确定最佳设计方案。

④督促设计单位完善质量保证体系，建立内部专业交底及专业会签制度。

⑤进行设计质量跟踪检查，控制设计图纸的质量。在初步设计和技术设计阶段，主要检查生产工艺及设备的选型、总平面布置、建筑与设施的布置、采用的设计标准和主要技术参数；在施工图设计阶段，主要检查计算是否有错误、选用的材料和做法是否合理、标注的各部分设计标高和尺寸是否有错误、各专业设计之间是否有矛盾等。

（三）工程项目施工阶段质量控制的任务

施工阶段质量控制是工程项目全过程质量控制的关键环节。根据工程质量形成的时

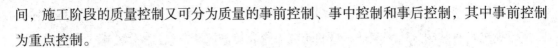

间，施工阶段的质量控制又可分为质量的事前控制、事中控制和事后控制，其中事前控制为重点控制。

1.事前控制

①审查承包商及分包商的技术资质。

②协助承包商完善质量体系，包括完善计量及质量检测技术和手段等，同时对承包商的实验室资质进行考核。

③督促承包商完善现场质量管理制度，包括现场会议制度、现场质量检验制度、质量统计报表制度和质量事故报告及处理制度等。

④与当地质量监督站联系，争取其配合、支持和帮助。

⑤组织设计交底和图纸会审，对某些工程部位应下达质量要求标准。

⑥审查承包商提交的施工组织设计，保证工程质量具有可靠的技术措施做保障。审核工程中采用的新材料、新结构、新工艺、新技术的技术鉴定书；对工程质量有重大影响的施工机械、设备，应审核其技术性能报告。

⑦对工程所需原材料、构配件的质量进行检查与控制。

⑧对永久性生产设备或装置，应按审批同意的设计图纸组织采购或订货，到场后进行检查验收。

⑨对施工场地进行检查验收。检查施工场地的测量标桩、建筑物的定位放线及高程水准点，重要工程还应复核，落实现场障碍物的清理、拆除等工作。

⑩把好开工关。对现场各项准备工作检查合格后，方可发开工令；停工的工程，未发布工令者不得复工。

2.事中控制

①督促承包商完善工序控制措施。工程质量是在工序中产生的，工序控制对工程质量起着决定性的作用。应把影响工序质量的因素都纳入控制范围，建立质量管理点，及时检查和审核承包商提交的质量统计分析资料和质量控制图表。

②严格进行工序交接检查。主要工作作业须按有关验收规定，经检查验收合格后，方可进行下一工序的施工。

③重要的工程部位或专业工程要做试验或技术复核。

④审查质量事故处理方案，并对处理效果进行检查。

⑤对完成的分部工程，按相应的质量评定标准和办法进行检查验收。

⑥审核设计变更和图纸修改。

⑦按合同行使质量监督权和质量否决权。

⑧组织定期或不定期的质量现场会议，及时分析、通报工程质量状况。

3.事后控制

①审核承包商提供的质量检验报告及有关技术性文件。

②审核承包商提交的竣工图。

③组织联动试车。

④按规定的质量评定标准和办法，进行检查验收。

⑤组织项目竣工总验收。

⑥整理有关工程项目质量的技术文件，并编目、建档。

4.工程项目保修阶段质量控制的任务

①审核承包商的工程保修书。

②检查、鉴定工程质量状况和工程使用情况。

③对出现的质量缺陷，确定责任者。

④督促承包商修复缺陷。

⑤在保修期结束后，检查工程保修状况，移交保修资料。

五、对工程项目质量影响因素的控制

在工程项目建设的各个阶段，影响工程项目质量的主要因素就是人、机、料、法、环五大方面，为此，应对这五个方面的因素进行严格控制，以确保工程项目质量。

（一）对人的因素的控制

人是工程质量的控制者，也是工程质量的"制造者"。工程质量与人的因素是密不可分的。控制人的因素，如调动人的积极性、避免人为失误等，是控制工程质量的关键。

1.领导者的素质

领导者是具有决策权力的人，其整体素质是提高工作质量和工程质量的关键，因此，在对承包商进行资质认证和选择时一定要考核领导者的素质。

2.人的理论水平和技术水平

人的理论水平和技术水平是人的综合素质的表现，它直接影响工程项目质量，尤其是技术复杂、操作难度大、精度要求高、工艺新的工程对人员素质要求更高，若无法保证相关人员的理论水平和技术水平，工程质量也就很难保证。

3.人的生理缺陷

应根据工程施工的特点和环境，严格控制人的生理缺陷，患有高血压、心脏病的人不能从事高空作业和水下作业，反应迟钝、应变能力差的人不能操作快速运行、动作复杂的机械设备等；否则，将会影响工程质量，引发安全事故。

4.人的心理行为

影响人的心理行为的因素很多，而人受到这些影响很容易产生愤怒、怨恨等情绪，使

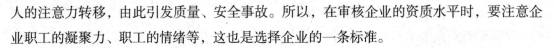

人的注意力转移，由此引发质量、安全事故。所以，在审核企业的资质水平时，要注意企业职工的凝聚力、职工的情绪等，这也是选择企业的一条标准。

5.人的错误行为

人的错误行为是指人在工作场地或工作中吸烟、打盹、错视、错听、误判断、误动作等，这些都会影响工程质量或造成质量事故。所以，在有危险的工作场所，应严格禁止吸烟、嬉戏等。

6.人的违纪违章

人的违纪违章是指人的粗心大意、注意力不集中、不落实安全措施等不良行为，会对工程质量造成损害，甚至引发工程质量事故。所以，在用人时，应从思想素质、业务素质和身体素质等方面严格筛选。

（二）对机械因素的控制

机械设备是工程建设不可缺少的设施。目前，工程建设的施工进度和施工质量都与机械设备关系密切，因此在施工阶段，必须对机械设备的选型、主要性能参数，以及使用、操作要求等进行控制。

1.机械设备的选型

机械设备的选型应因地制宜，按照技术先进、经济合理、生产适用、性能可靠、使用安全、操作和维修方便等原则来选择。

2.机械设备的主要性能参数

机械设备的性能参数是选择机械设备的主要依据，为满足施工的需要，在参数选择上可适当留有余地，但不能选择超出需要很多的机械设备；否则，容易造成经济上的不合理。机械设备的性能参数很多，要综合各参数确定合适的机械设备。在这方面，要结合机械施工方案，择优选择机械设备；要严格把关，不符合需要和有安全隐患的机械不准进场。

3.机械设备的使用、操作要求

合理使用机械设备、正确地进行操作是保证工程项目施工质量的重要环节，应贯彻"人机固定"的原则，实行定机、定人、定岗位的制度。操作人员必须认真执行各项规章制度，严格遵守操作规程，防止出现安全质量事故。

（三）对材料因素的控制

1.材料质量控制的要点

①掌握材料信息，优选供货厂家。应掌握材料信息，优先选有信誉的厂家供货，对于主要材料、构配件，在订货前必须经监理工程师论证同意。

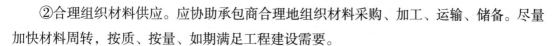

②合理组织材料供应。应协助承包商合理地组织材料采购、加工、运输、储备。尽量加快材料周转，按质、按量、如期满足工程建设需要。

③合理地使用材料，减少材料损失。

④加强材料检查验收。用于工程上的主要建筑材料，进场时必须具备正式的出厂合格证和材质化验单，否则，应做补检。工程中所用的各种构配件，必须具有厂家批号和出厂合格证。凡是标志不清或质量有问题的材料，对质量保证资料有怀疑或与合同规定不相符的一般材料，应进行一定比例的材料试验，并需要追踪检验。对于进口的材料和设备，以及重要工程或关键施工部位所用材料，应全部进行检验。

⑤重视材料的使用认证，以防错用或使用不当。

2.材料质量控制的内容

①材料质量的标准。材料质量的标准是用以衡量材料标准的尺度，并作为验收、检验材料质量的依据。具体的材料标准指标可参见相关材料手册。

②材料质量的检验、试验。材料质量的检验目的是通过一系列的检测手段，将取得的材料数据与材料的质量标准相比较，用以判断材料质量的可靠性。

③材料质量的检验方法。书面检验，对提供的材料质量保证资料、试验报告等进行审核，获得认可方能使用。外观检验，对材料品种、规格、标志、外形尺寸等进行直观检查，看有无质量问题。理化检验，借助试验设备和仪器对材料样品的化学成分、机械性能等进行科学的鉴定。无损检验，在不破坏材料样品的前提下，利用超声波、X射线、表面探伤检测仪等进行检测。

④材料质量检验程度。材料质量检验程度分为免检、抽检和全部检查（简称全检）。免检是免去质量检验工序，对有足够质量保证的一般材料，以及实践证明质量长期稳定而且质量保证资料齐全的材料，可予以免检。抽检是按随机抽样的方法对材料抽样检验，对材料的性能不清楚，对质量保证资料有怀疑，或对成批生产的构配件，均应按一定比例进行抽样检验。全检是对进口的材料、设备和重要工程部位的材料，以及贵重的材料，进行全部检验，以确保材料和工程质量。

⑤材料质量检验项目。材料质量检验项目一般可分为一般检验项目和其他检验项目。

⑥材料质量检验的取样。材料质量检验的取样必须具有代表性，也就是所取样品的质量应能代表该批材料的质量。在采取试样时，必须按规定的部位、数量及采选的操作要求进行。

⑦材料抽样检验的判断。抽样检验是对一批产品，一次抽取N个样品进行检验，用其结果来判断该批产品是否合格。

⑧材料的选择和使用要求。材料选择不当和使用不正确会严重影响工程质量或造成工程质量事故。因此，在施工过程中，必须针对工程项目的特点和环境要求及材料的性能、

质量标准、适用范围等多方面综合考察，慎重选择和使用材料。

（四）对方法的控制

对方法的控制主要是指对施工方案的控制，也包括对整个工程项目建设期内所采用的技术方案、工艺流程、组织措施、检测手段、施工组织设计等的控制。对一个工程项目而言，施工方案恰当与否直接关系到工程项目质量的好坏和工程项目的成败，所以应重视对方法的控制。这里说的方法控制，在工程施工的不同阶段，其侧重点也不相同，但都是围绕确保工程项目质量这个目的进行的。

（五）对环境因素的控制

影响工程项目质量的环境因素很多，有工程技术环境、工程管理环境、劳动环境等。环境因素对工程质量的影响复杂而且多变，因此应根据工程特点和具体条件，对影响工程质量的环境因素进行严格控制。

第二节　质量体系建立与运行

一、施工阶段的质量控制

（一）质量控制的依据

施工阶段的质量管理及质量控制的依据大体上可分为两类，即共同性依据和专门技术法规性依据。

共同性依据是指那些适用于工程项目施工阶段，与质量控制有关，具有普遍指导意义且必须遵守的基本文件。共同性依据主要有工程承包合同文件、设计文件，国家和行业现行的质量管理方面的法律、法规文件。工程承包合同中分别规定了参与施工建设的各方在质量控制方面的权利和义务，可据此对工程质量进行监督和控制。

有关质量检验与控制的专门技术法规性依据是指针对不同行业、不同的质量控制对象而制定的技术法规性文件，主要包括以下四类：

①已批准的施工组织设计。它是承包单位进行施工准备和指导现场施工的规划性、指导性文件，详细规定了工程施工的现场布置、人员设备的配置、作业要求、施工工序和工艺、技术保证措施、质量检查方法和技术标准等，是进行质量控制的重要依据。

②合同中引用的国家和行业的现行施工操作技术规范、施工工艺规程及验收规范。这

是维护正常施工的准则，与工程质量密切相关，必须严格遵守执行。

③合同中引用的有关原材料、半成品、配件方面的质量依据。

④制造厂提供的设备安装说明书和有关技术标准。这是施工安装承包人进行设备安装必须遵循的重要技术文件，也是检查和控制质量的依据。

（二）质量控制的方法

施工过程中的质量控制方法主要有旁站检查、测量、试验等。

1.旁站检查

旁站检查是指有关管理人员对重要工序的施工所进行的现场监督和检查，以避免质量事故的发生。旁站检查也是驻地监理人员的一种主要现场检查形式。根据工程施工难度及复杂性，可采用全过程旁站检查、部分时间旁站检查两种方式。对容易产生缺陷的部位，产生缺陷难以补救的部位，以及隐蔽工程，应加强旁站检查。在旁站检查中，必须检查承包人在施工中所用的设备、材料及混合料是否符合已批准的文件要求，检查施工方案、施工工艺是否符合相应的技术规范。

2.测量

测量是控制建筑物尺寸的重要手段，应对施工放样及高程控制进行核查，不合格者不准开工。对模板工程和已完工程的几何尺寸、高程、宽度、厚度、坡度等质量指标，按规定要求进行测量验收，不符合规定要求的须进行返工。测量记录均要经工程师审核签字后方可使用。

3.试验

试验是工程师确定各种材料和建筑物内在质量是否合格的重要方法。所有工程使用的材料都必须事先经过材料试验，质量必须满足产品标准，并经工程师检查批准后，方可使用。材料试验包括水泥、粗骨料、沥青、土工织物等各种原材料试验，不同等级混凝土的配合比试验，外购材料及成品质量证明和必要的鉴定试验，仪器设备的校调试验，加工后的成品强度及耐用性检验，工程检查等。没有试验数据的工程不予验收。

（三）工序质量监控

1.工序质量监控的内容

工序质量监控主要包括对工序活动条件的监控和对工序活动效果的监控。

（1）对工序活动条件的监控

对工序活动条件的监控是指对影响工程生产的因素进行控制，是工序质量监控的手段。虽然在开工前对生产活动条件已进行了初步控制，但在工序活动中有的条件还会发生变化，使其基本性能达不到检验指标，这正是生产质量不稳定的重要原因。因此，只有对

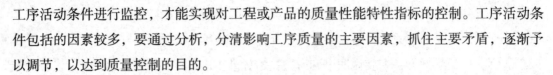

工序活动条件进行监控，才能实现对工程或产品的质量性能特性指标的控制。工序活动条件包括的因素较多，要通过分析，分清影响工序质量的主要因素，抓住主要矛盾，逐渐予以调节，以达到质量控制的目的。

（2）对工序活动效果的监控

对工序活动效果的监控主要反映在对工序产品质量性能的特征指标的控制上。可通过对工序活动的产品采取一定的检测手段进行检验，根据检验结果分析、判断该工序活动的质量效果，从而实现对工序质量的控制，其步骤为：工序活动前的控制；采用必要的手段和工具；应用质量统计分析工具对检验所得的数据进行分析，找出这些质量数据所遵循的规律；根据质量数据分布规律的结果，判断质量是否正常；若出现异常情况，寻找原因，找出影响工序质量的因素，尤其是那些主要因素；采取对策和措施进行调整；重复前面的步骤，检查调整效果，直到满足要求。

2.工序质量监控实施要点

对工序质量进行监控，应先确定工序质量控制计划，它是以完善的质量监控体系和质量检查制度为基础的。一方面，工序质量控制计划要明确规定质量监控的工作程序、流程和质量检查制度；另一方面，须进行工序分析，在影响工序质量的因素中找出对工序质量产生影响的重要因素，进行主动的、预防性的重点控制。

3.设置质量控制点

设置质量控制点是进行工序质量预防控制的有效措施。质量控制点是指为保证工程质量而必须控制的重点工序、关键部位、薄弱环节。应在施工前全面、合理地选择质量控制点，并对设置质量控制点的情况及拟采取的控制措施进行审核。必要时，应对质量控制实施过程进行跟踪检查或旁站监督，以确保质量控制点的施工质量。

工程中一般对以下对象设置质量控制点：

①关键的分项工程。

②关键的工程部位。

③薄弱环节。

④关键工序。

⑤关键工序的关键质量特性。

⑥关键质量特性的关键因素。

4.见证点、停止点的概念

在工程项目实施质量控制中，通常是由承包人在分项工程施工前制订施工计划时，就选定质量控制点，并在相应的质量计划中进一步明确哪些是见证点、哪些是停止点。所谓见证点和停止点，是国际上对于重要程度不同及监督控制要求不同的质量控制对象的一种区分方式。

见证点监督也称为W点监督。凡是被列为见证点的质量控制对象，在规定的控制点施工前，施工单位应提前24h通知监理人员在约定的时间到现场进行见证并实施监督。如果监理人员未按约定到场，施工单位有权对该点进行相应的操作和施工。停止点也称为待检查点或H点，它的重要性高于见证点，是针对那些因施工过程或工序的施工质量不易或不能通过其后的检验和试验而应得到充分论证的"特殊过程"或"特殊工序"而言的。凡被列入停止点的控制点，必须在该控制点施工开始之前24h通知监理人员到场实行监控，如果监理人员未能在约定时间到达现场，施工单位应停止该控制点的施工，并按合同规定等待监理方，未经认可不能超过该点继续施工。

在施工过程中，应加强旁站检查和现场巡查的监督检查，严格实施隐蔽工程工序间交接检查验收、工程施工预检等检查监督，严格执行对成品保护的质量检查。只有这样才能及早发现问题，及时纠正，防患于未然，确保工程质量，避免造成工程质量事故。

为了对施工期间的各分部工程的各工序质量实施严密、细致、有效的监督和控制，应认真地填写跟踪档案，即施工和安装记录。

（四）施工合同条件下的工程质量控制

工程施工是使业主及工程设计意图最终实现并形成工程实体的阶段，也是最终形成工程产品质量和工程项目使用价值的重要阶段。由此可见，施工阶段的质量控制不但是工程师的核心工作内容，也是工程项目质量控制的重点。

1.质量检查的职责和权力

施工质量检查是建设各方进行质量控制必不可少的一项工作，它可以起到监督、控制质量，及时纠正错误，避免事故扩大，消除隐患等作用。

①承包商质量检查的职责：提交质量保证计划措施报告。

②工程师质量检查的权力：按照我国有关法律、法规的规定，工程师在不妨碍承包商正常作业的情况下，可以随时对作业质量进行检查。这表明工程师有权对全部工程的所有部位及其任何一项工艺、材料和工程设备进行检查和检验，并具有质量否决权。

2.材料、工程设备的检查和检验

材料、工程设备的采购可分为两种情况：承包商负责采购材料和工程设备；承包商负责采购材料，业主负责采购工程设备。

对材料和工程设备进行检查时应区别对待以上两种情况。

对承包商采购的材料和工程设备，承包商应就其产品质量对业主负责。材料和工程设备的检验和交货验收由承包商负责实施，并承担所需费用。具体而言，承包商会同工程师进行检验和交货验收，查验材质证明和产品合格证书。此外，承包商还应按合同规定进行材料的抽样检验和工程设备的检验测试，并将检验结果提交给工程师。工程师参加交货验收不能减轻或免除承包商在检验和验收中应负的责任。

对业主采购的工程设备，为了简化验交手续和避免重复装运，业主应将其采购的工程设备由生产厂家直接移交给承包商。为此，业主和承包商在合同规定的交货地点共同进行交货验收，验收合格后由业主正式移交给承包商。在交货验收过程中，业主采购的工程设备的检验及测试由承包商负责，业主不必再配备检验及测试用的设备和人员，但承包商必须将其检验结果提交工程师，并由工程师复核、签认检验结果。

工程师和承包商应商定对工程所用的材料和工程设备进行检查的具体时间和地点。通常情况下，工程师应到场参加检查，如果在商定时间内工程师未到场参加检查，且工程师无其他指示，承包商可自行检查，并立即将检查结果提交给工程师。除合同另有规定外，工程师应在事后确认承包商提交的检查结果。

承包商未按合同规定检查材料和工程设备时，工程师应指示承包商按合同规定补做检查。此时，承包商应无条件地按工程师的指示和合同规定补做检查并应承担检查所需的费用和可能带来的工期延误责任。

此外，额外检验是指，在合同履行过程中，如果需要增加合同中未做规定的检查项目，工程师有权指示承包商增加额外检验，承包商应遵照执行，但应由业主承担额外检验的费用和工期延误责任。

重新检验则是指，在任何情况下，如果工程师对以往的检验结果有疑问，有权指示承包商再次进行检验，即重新检验，承包商必须执行工程师指示，不得拒绝。"以往的检验结果"是指已按合同规定得到工程师同意的检验结果，如果承包商的检验结果未得到工程师同意，则工程师指示承包商进行的检验不能称为重新检验，应为合同内检验。

重新检验带来的费用增加和工期延误责任由谁承担应视重新检验结果而定。如果重新检验结果证明这些材料、工程设备、工序不符合合同要求，则应由承包商承担重新检验的全部费用和工期延误责任；如果重新检验结果证明这些材料、工程设备、工序符合合同要求，则应由业主承担重新检验的费用和工期延误责任。

当承包商未按合同规定进行检查，并且不执行工程师有关补做检查的指示和重新检验的指示时，工程师为了及时发现可能存在的质量隐患，减少可能造成的损失，可以指派自己的人员或委托其他人员进行检查，以保证质量。此时，不论检查结果如何，工程师因采取上述检查补救措施而造成的工期延误责任和增加的费用均应由承包商承担。

值得注意的是，必须禁止使用不合格材料和工程设备。若工程使用的一切材料、工程设备均应满足合同规定的等级、质量标准和技术特性要求。工程师在工程质量的检查中发现承包商使用了不合格材料或工程设备，可以随时发出指示，要求承包商立即改正，并禁止在工程中继续使用这些不合格的材料和工程设备。

如果承包商使用了不合格材料和工程设备，其造成的后果应由承包商承担责任，承包商应无条件地按工程师指示进行补救。业主提供的工程设备经验收不合格的应由业主承担相应责任。

对不合格材料和工程设备应做以下处理：

①如果工程师的检查结果表明承包商提供的材料或工程设备不符合合同要求，工程师可以拒绝接收，并立即通知承包商。此时，承包商除应立即停止使用外，还应与工程师共同研究补救措施。如果在使用过程中发现不合格材料，工程师应视具体情况下达运出现场或降级使用的指示。

②如果检查结果表明业主提供的工程设备不符合合同要求，承包商有权拒绝接收，并要求业主予以更换。

③如果因承包商使用了不合格材料和工程设备造成了工程损害，工程师可以随时发出指示，要求承包商立即采取措施进行补救，直至彻底清除工程的不合格部位及不合格材料和工程设备。

④如果承包商无故拖延或拒绝执行工程师的有关指示，则业主有权委托其他承包商执行该项指示，由此而造成的工期延误责任和增加的费用由承包商承担。

3.隐蔽工程

隐蔽工程和工程隐蔽部位是指已完成的工作面经覆盖后将无法事后查看的工程部位和基础。由于隐蔽工程和工程隐蔽部位的特殊性及重要性，没有工程师的批准，工程的任何部分均不得覆盖或使之无法查看。

对于将被覆盖的部位和基础，在进行下一道工序之前，应先由承包商进行自检，确认符合合同要求后，再通知工程师进行检查，工程师不得无故缺席或拖延，承包商通知时应考虑到工程师有足够的检查时间。工程师应按通知约定的时间到场进行检查，确认质量符合合同要求，并在检查记录上签字后，才能允许承包商进行覆盖，进入下一道工序。承包商在取得工程师的检查签证之前，不得以任何理由进行覆盖；否则，承包商应承担因补检而增加的费用和工期延误责任。如果工程师未及时到场检查，承包商因等待或延期检查而造成工期延误，则承包商有权要求延长工期和赔偿其停工、窝工等损失。

4.放线

①施工控制网。工程师应在合同规定的期限内向承包商提供测量基准点、基准线和水准点及其书面资料。业主和工程师应对测量基准点、基准线和水准点的正确性负责。承包商应在合同规定期限内完成施工控制网测设，并将施工控制网资料报送工程师审批。承包商应对施工控制网的正确性负责。此外，承包商还应负责保管全部测量基准点和控制网点，工程完工后，应将施工控制网点完好地移交给业主。工程师出于监理工作的需要，可以使用承包商的施工控制网，并不为此另行支付费用。此时，承包商应及时提供必要的协助，不得以任何理由加以拒绝。

②施工测量。承包商应负责整个施工过程中的全部施工测量放线工作，包括地形测量、放样测量、断面测量、支付收方测量和验收测量等，并应自行配置合格的人员、仪器、设备和其他物品。承包商在施测前，应将施工测量措施报告报送工程师审批。工程师应按合同规定对承包商的测量数据和放样成果进行检查。必要时，工程师还可指示承包商在其监督下进行抽样复测，并修正复测中发现的错误。

5.完工

完工验收是指承包商基本完成合同中规定的工程项目后、移交给业主前的交工验收，不是国家或业主对整个项目的验收。基本完成是指合同规定的工程项目不一定全部完成，有些不影响工程使用的尾工项目，经工程师批准，可待验收后在保修期中去完成。当工程具备了下列条件，并经工程师确认后，承包商即可向业主和工程师提交完工验收申请报告，并附上完工资料。

①除工程师同意可列入保修期完成的项目外，合同规定的全部工程项目均已完成。

②已按合同规定备齐了完工资料，包括工程实施概况和大事记，已完工程清单，永久工程完工图，列入保修期完成的项目清单，未完成的缺陷修复清单，施工期观测资料，各类施工文件、施工原始记录等。

工程师在接到承包商的完工验收申请报告后的28d内进行审核并做出决定，或者提请业主进行工程验收，或者通知承包商在验收前尚应完成的工作和对申请报告的异议。承包商应在完成工作后或修改报告后重新提交完工验收申请报告。

业主在接到工程师提请进行工程验收的通知后，应在收到完工验收申请报告后56d内组织工程验收，并在验收通过后向承包商颁发移交证书。移交证书上应注明由业主、承包商、工程师协商核定的工程实际完工日期。此日期是计算承包商完工工期的依据，也是工程保修期的开始。从颁发移交证书之日起，照管工程的责任即应由业主承担，且在此后14d内，业主应将保留金总额的50%退还给承包商。

水利水电工程中分阶段验收有两种情况：第一种情况是在全部工程验收前，某些单位工程已完工，经业主同意可先行单独验收，通过后颁发单位工程移交证书，由业主先接管该单位工程；第二种情况是业主根据合同进度计划的安排，须提前使用尚未全部建成的工程，当大坝工程达到某一特定高程、可以满足初期发电要求时，可对该部分工程进行验收。验收通过应签发临时移交证书，工程未完成部分仍由承包商继续施工。对通过验收的部分工程，因其在施工期运行而使承包商增加了修复缺陷的费用，业主应给予适当的补偿。

如果业主在收到承包商完工验收申请报告后，不及时进行验收，或在验收通过后无故不颁发移交证书，则业主应从承包商发出完工验收申请报告56d后的次日起承担照管工程的费用。

6.工程保修

①保修期。工程移交前，虽然已通过验收，但是还未经过运行的考验，可能有一些尾工项目和修补缺陷项目未完成，所以还必须有一段时间用来检验工程是否能正常运行，这就是保修期。水利水电工程保修期一般不少于一年，从移交证书中注明的全部工程完工日期起算。在全部工程完工验收前业主已提前验收的单位工程或分部工程，若未投入正常运行，其保修期仍按全部工程完工日期起算；若验收后投入正常运行，其保修期应从该单位工程或分部工程移交证书上注明的完工日期起算。

②保修责任。保修期内，承包商应负责修复完工资料中未完成的缺陷修复清单所列的全部项目。保修期内如发现新的缺陷和损坏，或原修复的缺陷又遭损坏，承包商应负责修复。至于修复费用由谁承担，须视缺陷和损坏的原因而定：若为承包商施工中的隐患或承包商的其他原因所造成，应由承包商承担；若为业主使用不当或业主其他原因所导致的损坏，则由业主承担。

③保修责任终止证书。在全部工程保修期满，且承包商不遗留任何尾工项目和缺陷修补项目时，业主或授权工程师应在28d内向承包商颁发保修责任终止证书。保修责任终止证书的颁发表明承包商已履行了保修期的义务，工程师对其满意；也表明承包商已按合同规定完成了全部工程的施工任务，业主接受了整个工程项目。但此时合同双方的财务账目尚未结清，可能有些争议还未解决，故并不表示合同已履行结束。

7.清理现场与撤离

圆满完成清场工作是承包商进行文明施工的一个重要标志。一般而言，在工程移交证书颁发前，承包商应按合同规定的工作内容对工地进行彻底清理，以便业主使用已完成的工程。经业主同意后也可留下部分清场工作在保修期满前完成。

承包商应按下列工作内容对工地进行彻底清理，直到工程师检验合格为止。

①工程范围内残留的垃圾已全部清理。

②临时工程已按合同规定拆除，场地已按合同要求清理和平整。

③承包商的设备和剩余的建筑材料已按计划撤离工地，废弃的施工设备和材料亦已清除。

此外，在全部工程的移交证书颁发后42d内，除了经工程师同意，因保修期工作需要而留下的部分承包商人员、施工设备和临时工程，承包商的队伍应撤离工地，并做好环境恢复工作。

二、全面质量管理

全面质量管理是企业管理的中心环节，是企业管理的纲领，它和企业的经营目标是一致的。这就要求企业将生产经营管理和质量管理有机地结合起来。

（一）全面质量管理的基本概念

全面质量管理的定义为：一个组织以质量为中心，以全员参与为基础，目的在于通过让顾客满意和本组织所有成员及社会受益而达到长期成功的管理途径。

（二）全面质量管理的基本要求

1.全过程的管理

任何一个工程的质量，都有一个产生、形成和实现的过程，整个过程由多个相互联系、相互影响的环节所组成，每一个环节都或重或轻地影响着最终的质量状况。因此，要搞好工程质量管理，必须把形成质量的全过程和有关因素控制起来，形成一个综合的管理体系，做到以防为主、防检结合、重在提高。

2.全员的质量管理

工程的质量是企业各方面、各部门、各环节工作质量的反映。每一个环节、每一个人的工作质量都会不同程度地影响工程最终质量。保证工程质量，人人有责，只有人人都关心工程的质量，做好本职工作，才能生产出高质量的工程。

3.全企业的质量管理

全企业的质量管理一方面要求企业各管理层次都要有明确的质量管理内容，各层次质量管理的侧重点要突出，每个部门应有自己的质量计划、质量目标和对策，层层控制；另一方面则要求把分散在各部门的质量管理职能发挥出来。

4.多方法的管理

影响工程质量的因素越来越复杂，既有物质的因素，又有人为的因素；既有技术因素，又有管理因素；既有内部因素，又有企业外部因素。要搞好工程质量，就必须把这些影响因素控制起来，分析它们对工程质量的不同影响，灵活运用各种现代化管理方法来解决工程质量问题。

（三）全面质量管理的基本指导思想

1.质量第一，以质量求生存

任何产品都必须达到所要求的质量水平，否则就没有或无法实现使用价值，从而给消费者和社会带来损失。从这个意义上讲，质量必须是第一位的。贯彻"质量第一"的思想就要求企业全员，尤其是领导层有强烈的质量意识；要求企业根据用户或市场的需求，科学地确定质量目标，并安排人力、物力、财力予以保证。当质量与数量、社会效益与企业效益、长远利益与眼前利益发生矛盾时，应把质量、社会效益和长远利益放在首位。"质量第一"并非"质量至上"。质量不能脱离当前的市场水准，也不能不问成本一味地讲求

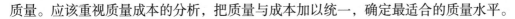

质量。应该重视质量成本的分析，把质量与成本加以统一，确定最适合的质量水平。

2.用户至上

在全面质量管理中，这是一个十分重要的指导思想。"用户至上"就是要树立以用户为中心、为用户服务的思想，要使产品质量和服务质量尽可能满足用户的要求。产品质量最终应以用户的满意程度为评判标准。这里的用户是广义的，不仅指产品出厂后的直接用户，而且把企业内部下道工序视作上道工序的用户。

3.质量是设计、制造出来的，而不是检验出来的

在生产过程中，检验是重要的，它可以起到不允许不合格品出厂的把关作用，同时还可以将检验信息反馈到有关部门。但影响产品质量的真正因素并不是检验，而主要是设计和制造。设计质量是先天性的，在设计的时候就已经决定了质量的等级和水平，而制造是实现设计质量，是符合性质量。二者不可偏废，都应重视。

4.强调用数据说话

这就是要求在全面质量管理工作中具有科学的工作作风，在研究问题时不能满足于一知半解和流于表面，对问题不仅有定性分析还尽量有定量分析，做到心中有数，这样可以避免主观盲目性。在全面质量管理中广泛采用了各种统计方法和工具，其中用得最多的有七种，即因果图、排列图、直方图、相关图、控制图、分层法和调查表。常用的数理统计方法有回归分析法、方差分析法、多元分析法、试验分析法、时间序列分析法等。

5.突出人的积极因素

从某种意义上讲，在开展质量管理活动的过程中，人的因素是最积极、最重要的。与质量检验阶段和统计质量控制阶段相比较，全面质量管理阶段格外强调调动人的积极因素的重要性。这是因为现代化生产多为大规模系统，环节众多，联系密切复杂，远非单纯靠质量检验或统计方法就能奏效，必须调动人的积极因素，加强质量意识，发挥人的主观能动性，以确保产品和服务的质量。全面质量管理的特点之一就是全体人员参加管理。质量第一，人人有责。

要增强质量意识，调动人的积极因素，一靠教育，二靠规范，不仅需要依靠教育培训和考核，还要依靠有关质量的立法及必要的行政手段等各种激励措施和处罚措施。

（1）预防原则

在企业的质量管理工作中，要认真贯彻预防为主的原则，凡事要防患于未然。在产品制造阶段应该采用科学方法对生产过程进行控制，尽量把不合格品消灭在产生之前。在产品的检验阶段，不论是对最终产品还是在制品，都要及时反馈质量信息并认真处理。

（2）经济原则

全面质量管理强调质量，必须考虑经济性，建立合理的经济界限，这就是所谓的经济原则。因此，在产品设计制定质量标准时，在生产过程中进行质量控制时，在选择质量检

验方式时，都必须考虑其经济性。

（3）协作原则

协作是大生产的必然要求。生产和管理分工越细，就越要求协作。一个具体单位的质量问题往往涉及许多部门，没有良好的协作是很难解决的。因此，强调协作是全面质量管理的一条重要原则，也反映了系统科学全局观点的要求。

6.全面质量管理的运转方式

全面质量管理是按照计划、执行、检查、处理的管理循环方式进行的。PDCA管理循环包括以下四个阶段和八个步骤：

（1）四个阶段

①计划阶段。按使用者要求，根据具体生产技术条件，找出生产中存在的问题及原因，拟订生产对策和措施计划。

②执行阶段。按预定生产对策和措施计划组织实施。

③检查阶段。对生产成品进行必要的检查和测试，即把执行的工作结果与预定目标进行对比，检查执行过程中出现的情况和问题。

④处理阶段。把经过检查发现的各种问题及用户意见进行处理。凡符合计划要求的予以肯定，并进行成文标准化；对不符合设计要求和不能解决的问题，转入下一循环以进一步研究解决。

（2）八个步骤

①分析现状，找出问题。不能凭印象和表面现象做判断，结论要用数据表示。

②分析产生问题的原因。要把可能的原因一一加以分析。

③找出主要原因。只有找出主要原因进行剖析，才能改进工作，提高产品质量。

④拟定措施，制订计划。针对主要原因拟定措施，制订计划，确定目标。

以上四个步骤属计划阶段的工作内容。

⑤执行措施，执行计划。此为执行阶段的工作内容。

⑥检查工作，检查效果。对执行情况进行检查，总结经验教训。此为检查阶段的工作内容。

⑦标准化巩固成绩。

⑧遗留问题转入下期。

（3）PDCA循环的特点

①四个阶段缺一不可，先后次序不能颠倒，就好像一个转动的车轮，在解决质量问题中滚动前进，逐步提高产品质量。

②企业内部的PDCA循环各级都有，整个企业是一个大循环，企业各部门又有自己的小循环。大循环是小循环的依据，小循环又是大循环逐级贯彻落实的体现。

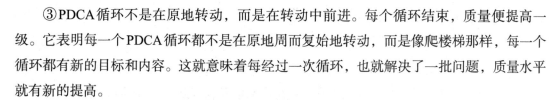

③PDCA循环不是在原地转动，而是在转动中前进。每个循环结束，质量便提高一级。它表明每一个PDCA循环都不是在原地周而复始地转动，而是像爬楼梯那样，每一个循环都有新的目标和内容。这就意味着每经过一次循环，也就解决了一批问题，质量水平就有新的提高。

④PDCA循环的A阶段是一个循环的关键，这一阶段的目的在于总结经验，巩固成果，纠正错误，以利于下一个管理循环。为此必须把成功的经验纳入标准，定为规程，使之标准化、制度化，以便在下一个循环中遵照办理，使质量水平逐步提高。必须指出，质量的好坏反映了人们质量意识的强弱也就是质量意识。在有了较强的质量意识后，还应使全体人员对全面质量管理的基本思想和方法有所了解，这就需要加强质量教育的培训工作，贯彻执行质量责任制并形成制度，持之以恒，从而使工程施工质量水平不断提高。

第三节　工程质量分析与验收

一、工程质量统计与分析

（一）质量数据

利用质量数据和统计分析方法进行项目质量控制是控制工程质量的重要手段。通常，收集和整理质量数据，进行统计分析比较，找出生产过程中的质量规律，判断工程产品质量状况，发现存在的质量问题，找出引起质量问题的原因，并及时采取措施，预防和处理质量事故，可使工程质量始终处于受控状态。质量数据是用以描述工程质量特征性能的数据，它是进行质量控制的基础，没有质量数据，就不可能有现代化的科学的质量控制。

1.质量数据的类型

质量数据按其自身特征，可分为计量值数据和计数值数据。计量值数据是可以连续取值的连续型数据，计数值数据是不连续的离散型数据。

质量数据按其收集目的，可分为控制性数据和验收性数据。控制性数据一般是以工序作为研究对象，是为分析、预测施工过程是否处于稳定状态而定期随机地抽样检验获得的质量数据。验收性数据是以工程的最终实体内容为研究对象，为分析、判断其质量是否达到技术标准或用户的要求而采取随机抽样检验获取的质量数据。

2.质量数据的波动及其原因

在工程施工过程中常可看到，在相同的设备、原材料、工艺及操作人员条件下，生产的同一种产品的质量不同，反映在质量数据上，即质量数据具有波动性。其影响因素有偶然性因素和系统性因素两大类。偶然性因素引起的质量数据波动属于正常波动。偶然性因素是无法或难以控制的因素，其所造成的质量数据的波动量不大，没有倾向性，作用是随机的，工程质量只受偶然性因素影响时，生产才处于稳定状态。由系统性因素造成的质量数据波动属于异常波动。系统性因素是可控制、易消除的因素，这类因素不经常发生，但具有明显的倾向性，对工程质量的影响较大。质量控制的目的就是找出出现异常波动的原因，即系统性因素，并加以排除，使质量只受偶然性因素的影响。

3.质量数据的收集

质量数据的收集总的要求应当是随机地抽样，即整批数据中每一个数据被抽到的概率相同。常用的方法有随机法、系统抽样法、二次抽样法和分层抽样法。

4.样本数据特征

为了进行统计分析和运用特征数据对质量进行控制，经常要使用许多统计特征数据。统计特征数据主要有均值、中位数、极值、极差、标准偏差、变异系数。其中，均值、中位数表示数据集中的位置；极值、极差、标准偏差、变异系数表示数据的波动情况，即分散程度。

（二）质量控制的统计方法

通过对质量数据的收集、整理和统计分析，找出质量的变化规律和存在的质量问题，提出进一步的改进措施，这种运用数学工具进行质量控制的方法是所有涉及质量管理的人员所必须掌握的，它可以使质量控制工作定量化和规范化。下面介绍几种在质量控制中常用的数学工具及方法。

1.直方图法

（1）直方图的用途

直方图又称频率分布直方图，是将产品质量频率的分布状态用直方图形来表示，根据直方图形的分布形状和与公差界限的距离来观察、探索质量分布规律，分析和判断整个生产过程是否正常。利用直方图可以制定质量标准，确定公差范围，判明质量分布情况是否符合标准的要求。

（2）直方图的分析

直方图有以下六种分布形式：

①锯齿型：产生原因一般是分组不当或组距确定不当。

②正常型：说明生产过程正常，质量稳定。

③绝壁型：一般是剔除下限以下的数据造成的。

④孤岛型：一般是材质发生变化或他人临时替班造成的。

⑤双峰型：是把两种不同的设备或工艺的数据混在一起造成的。

⑥平顶型：生产过程中有缓慢变化的因素起主导作用。

（3）注意事项

①直方图是静态的，不能反映质量的动态变化。

②画直方图时，数据不能太少，一般应多于50个数据，否则画出的直方图难以正确反映总体的分布状态。

③直方图出现异常时，应注意将收集的数据分层，然后画直方图。

④直方图呈正态分布时，可求平均值和标准差。

2.排列图法

排列图法又称巴雷特法、主次排列图法，是分析影响质量的主要因素的有效方法，将众多的因素进行排列，主要因素就一目了然了。排列图法由一个横坐标、两个纵坐标、几个长方形和一条曲线组成。左侧的纵坐标是频数或件数，右侧的纵坐标是累计频率，横轴则是项目或因素，按项目频数大小顺序在横轴上自左而右画长方形，其高度为频数，再根据右侧的纵坐标画出累计频率曲线，该曲线也称巴雷特曲线。

3.因果分析图

因果分析图也叫鱼刺图、树枝图，这是一种逐步深入研究和讨论质量问题的图示方法。在工程建设过程中，任何一种质量问题的产生，一般都是多种原因造成的。这些原因有大有小，把这些原因按照大小顺序分别用主干、大枝、中枝、小枝来表示，这样，就可一目了然地观察出导致质量问题的原因，并以此为据，制定相应对策。反映生产过程中各个阶段质量波动状态的图形。管理图利用上下控制界限，将产品质量特性控制在正常波动范围内，一旦有异常反应，通过管理图就可以发现，并及时处理。产品质量与影响产品质量的因素之间常有一定的相互关系，但不一定是严格的函数关系，这种关系称为相关关系，可利用直角坐标系将两个变量之间的关系表达出来。相关图的形式有正相关、负相关、非线性相关和无相关。

二、工程质量评定与验收

（一）工程质量评定

1.工程质量评定的意义

工程质量评定是依据国家或相关部门统一制定的现行标准和方法，对照具体施工项目的质量结果，确定其质量等级的过程。其意义在于统一评定标准和方法，正确反映工程的质量，使之具有可比性，同时也能考核企业等级和技术水平，促进施工企业提高质量。

2.工程质量评定依据

①国家与水利水电部门颁布的有关行业规程、规范和技术标准。

②经批准的设计文件、施工图纸、设计修改通知、厂家提供的设备安装说明书及有关

技术文件。

③工程合同采用的技术标准。

④工程试运行期间的试验及观测分析成果。

3.工程质量评定标准

（1）单元工程质量评定标准

当单元工程质量达不到合格标准时，必须及时处理，其质量等级按以下原则确定：

①全部返工重做的，可重新评定等级。

②经加固补强并经过鉴定能达到设计要求的，其质量只能评定为合格。

③经鉴定达不到设计要求，但建设单位认为能基本满足安全和使用功能要求的，可不补强加固；或经补强加固后，改变外形尺寸或造成永久缺陷的，建设单位认为能基本满足设计要求的，其质量可按合格处理。

（2）分部工程质量评定标准

分部工程质量合格的条件是：①单元工程质量全部合格；②中间产品质量及原材料质量全部合格，金属结构及启闭机制造质量合格，机电产品质量合格。

分部工程质量优良的条件是：①单元工程质量全部合格，其中有50%以上达到优良，主要单元工程、重要隐蔽工程及关键部位的单位工程质量优良，且未发生过质量事故；②中间产品质量全部合格，其中混凝土拌和物质量达到优良，原材料质量、金属结构及启闭机制造质量合格，机电产品质量合格。

（3）单位工程质量评定标准

单位工程质量合格的条件是：①分部工程质量全部合格；②中间产品质量及原材料质量全部合格，金属结构及启闭机制造质量合格，机电产品质量合格；③外观质量得分率在70%以上；④施工质量检验资料基本齐全。

单位工程质量优良的条件是：①分部工程质量全部合格，其中有80%以上达到优良，主要分部工程质量优良，且未发生过重大质量事故；②中间产品质量全部合格，其中混凝土拌和物质量达到优良，原材料质量、金属结构及启闭机制造质量合格，机电产品质量合格；③外观质量得分率在85%以上；④施工质量检验资料齐全。

（4）总体工程质量评定标准

单位工程质量全部合格，工程质量可评为合格；如其中50%以上的单位工程质量优良，且主要建筑物单位工程质量优良，则工程质量可评为优良。

（二）工程质量验收

1.工程质量验收概述

工程质量验收是在工程质量评定的基础上，依据一个既定的验收标准，采取一定的

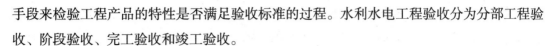

手段来检验工程产品的特性是否满足验收标准的过程。水利水电工程验收分为分部工程验收、阶段验收、完工验收和竣工验收。

工程验收的目的是：检查工程是否按照批准的设计进行建设；检查已完工程在设计、施工、设备制造安装等方面的质量，并对验收遗留问题提出处理要求；检查工程是否具备运行或进行下一阶段建设的条件；总结工程建设中的经验教训，并对工程做出评价；及时移交工程，尽早发挥投资效益。

工程验收的依据是：有关法律、规章和技术标准，主管部门有关文件，批准的设计文件及相应设计变更、修设文件，施工合同，监理签发的施工图纸和说明，设备技术说明书等。当工程具备验收条件时，应及时组织验收。未经验收或验收不合格的工程不得交付使用或进行后续工程施工。验收工作应相互衔接，不应重复进行。

工程进行验收时必须有质量评定意见。阶段验收和单位工程验收应有水利水电工程质量监督单位的工程质量评价意见；竣工验收必须有水利水电工程质量监督单位的工程质量评定报告，竣工验收委员会在其基础上鉴定工程质量等级。

2.工程质量验收的主要工作

（1）分部工程验收

分部工程验收应具备的条件是：该分部工程的所有单元工程已经完工且质量全部合格。

分部工程验收的主要工作是：鉴定工程是否达到设计标准；按现行国家或行业技术标准，评定工程质量等级；对验收遗留问题提出处理意见。分部工程验收的图纸、资料和成果是竣工验收资料的组成部分。

（2）阶段验收

根据工程建设需要，当工程建设达到一定关键阶段时，应进行阶段验收。阶段验收的主要工作是：检查已完工工程的质量和形象面貌；检查在建工程建设情况；检查待建工程的计划安排和主要技术措施落实情况，以及是否具备施工条件；检查拟投入使用工程是否具备运行条件；对验收遗留问题提出处理要求。

（3）完工验收

完工验收应具备的条件是所有分部工程已经完工并验收合格。完工验收的主要工作是：检查工程是否按批准的设计完成建设；检查工程质量，评定质量等级；对工程缺陷提出处理要求；对验收遗留问题提出处理要求；按照合同规定，施工单位向项目法人移交工程。

（4）竣工验收

工程在投入使用前必须通过竣工验收。竣工验收应在全部工程完工后3个月内进行。进行竣工验收确有困难的，经工程验收主持单位同意，可以适当延长期限。

竣工验收应具备以下条件：工程已按批准的设计规定的内容全部建成；各单位工程能正常运行；历次验收所发现的问题已基本处理完毕；归档资料符合工程档案资料管理的有关规定；工程建设征地补偿及移民安置等问题已基本处理完毕，工程投资已经全部到位；竣工决算已经完成并通过竣工审计。

竣工验收的主要工作：审查项目法人《工程建设管理工作报告》和初步验收工作组《初步验收工作报告》，检查工程建设和运行情况，协调处理有关问题，讨论并通过《竣工验收鉴定书》。

第八章　水利工程安全管理与文明施工

在工程项目施工的过程中，为了对施工人员的生命健康安全进行有效的保障，能够确保企业的经济利益，就必须要加强重视施工管理。这就要求相关的施工单位在实际的施工过程中对自身的安全管理工作进行有效的加强，开展施工人员的安全教育；对施工人员的不文明行为进行有效的改正和规范，培养他们的责任意识。只有这样，才能有效推进安全文明施工。

第一节　水利工程安全管理

一、安全管理基本知识

（一）安全生产管理基础

1.安全生产管理的含义

安全生产管理就是通过技术管理的各种活动，建立一套安全生产保障体系，将事故预防、应急措施、事故调查和保险补偿四项内容有机地结合在一起，以达到安全的目的。

2.安全管理的核心

控制事故、消除隐患，为劳动者创造一个安全文明的工作环境是安全管理的核心。

（二）安全保障体系的三个方面

1.事前预防对策体系

建立健全各级各种规章制度：安全生产责任制，保证资金投入，建立机构配备人员，建设项目"三同时"，危险源管理等。

2.事中应急救援体系

组织制订应急预案，建立应急救援队伍，并组织演练。

3.事后处理对策体系

发生事故后及时报告上级有关部门和启动应急救援预案程序，力争把人员伤亡和财产

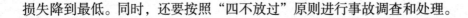

损失降到最低。同时，还要按照"四不放过"原则进行事故调查和处理。

（三）安全管理的重要意义

大量事故统计显示，80%以上的事故原因都与管理紧密相关，因而改进管理能够预防大多数事故的发生。

"安全第一"喊了很多年了，但很多企业并不是也没有把安全放在第一位。企业活动都是以经济利益最大化为原则，因而发展生产、提高经济效益永远是它的首要目的。安全之所以特别受到强调，有两方面的原因：一是"尊重人权"越来越成为人们的道德理念；二是安全工作对于保障企业正效益、减少负效益有重要作用。如果它与"人权"和"效益"无关，肯定不会被提到特别重要的地位。

控制事故的重要手段是采用工程技术防范措施，提高本质安全化水平，这在很大程度上能防止人为失误造成的事故，但这会增加经济投入，也受技术水平的限制，因而加强管理是目前情况下重要、必需而且有效的措施。

（四）安全管理的保证措施

1.法规制度保证

贯彻执行有关安全生产的条例和通知、国家和行业安全技术标准，以及结合企业实际的安全生产法律、制度、标准。

2.科学管理保证

开展安全性评价，建立专群结合的安全管理网络，不断提高安全管理水平。

3.监督检查保证

坚持三级危险点巡回检查，责任到人，有奖有罚。

4.技术措施保证

进行危险源评估，实施安全技术改造，采用先进技术，整改事故隐患。

5.安全教育保证

举办公司管理层安全管理培训班，进行多层次安全教育，提高安全文化素质。

6.奖励机制保证

开展"安全生产月""百日无事故""安全一千天""安全管理创新奖""安全生产先进个人"等竞赛活动，并进行评比表彰，实行奖励。

（五）加强安全管理保障体系措施

①以"一把手"为安全生产第一责任人的"安全生产责任联保体系"。

②以"党政工团齐抓共管"为号召的"全面安全管理体系"。

③以建设"安全生产标准化"和开展"安全生产竞赛"为主要形式的"全员安全管理体系"。

④以开展"安全性评价"为主要内容的"全过程安全管理"。

⑤以"三级危险点巡回检查网络管理"和安全卫生"三同时"为重点的"安全生产监督检查管理体系"。

⑥以实行"安全生产累进奖""重奖重罚"为手段的强激励性"安全生产奖罚体系"。

⑦以广泛宣传"安全文化"为先导的"安全生产宣传教育体系"。

⑧以参加"财产保险和工伤保险"为基础的"事故后经济补偿体系"。

二、我国安全卫生管理体制

我国现行安全卫生管理体制是企业负责，行业管理，国家监察，群众监督。它体现了"安全第一，预防为主"的安全生产方针，强调了"管生产必须管安全"的原则，明确了生产经营单位和企业在安全生产管理中的职责。"企业负责"说明了搞好企业安全管理的重要性。

（一）企业负责

企业负责就是生产经营单位和企业法人代表为企业安全生产的第一责任人，企业的经营管理者必须为从业人员和职工的生产经营活动提供全面的安全保障，对从业人员和职工在劳动过程中的安全、健康负有领导责任。依照国家法规和标准管好生产经营单位和企业的劳动安全工作，生产经营单位和企业职工必须遵守一切符合国家法规的企业规章制度；否则，一旦发生事故，生产经营单位和企业应当承担法律责任、行政责任或经济责任，事故责任者必须接受法律的制裁，或行政的、经济的惩处。

企业负责要求生产经营单位和企业在安全管理中做到：在一切生产经营管理活动中坚持"安全第一，预防为主"的方针及国家有关安全生产的政策；建立健全企业安全卫生管理体系；坚持安全生产工作的"五同时"原则，即指生产经营单位和企业的生产组织领导者必须在计划、布置、检查、总结和评比生产工作的同时计划、布置、检查、总结和评比安全工作的原则；坚持"管生产必须管安全"的原则；给劳动者提供符合国家安全生产要求的工作场所、生产设施，加强对有毒有害、易燃易爆等危险品和特种设备的管理；建立健全安全生产责任制和其他各项安全生产制度；进行新职工进厂的三级教育、特殊工种安全教育及全员安全教育；制定和执行完善的安全操作规程；按照国家规定，合理配备安全

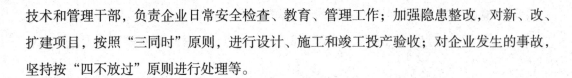

技术和管理干部，负责企业日常安全检查、教育、管理工作；加强隐患整改，对新、改、扩建项目，按照"三同时"原则，进行设计、施工和竣工投产验收；对企业发生的事故，坚持按"四不放过"原则进行处理等。

（二）行业管理

行业管理就是行业管理部门按照"管生产必须管安全"的原则，在组织本行业生产经营工作中加强对所属企业的安全管理，根据国家安全生产方针政策、法规、标准，对生产经营单位和企业的安全生产工作进行组织、协调、指导、监督检查，加强对行业所属企业及归口管理的生产经营单位和企业的管理，促使生产经营单位和企业努力改善劳动条件，消除不安全因素。采取有效的预防措施，实现安全生产，保障职工的安全和健康。

（三）国家监察

国家监察指国家法规授权设立的监察机构，以国家名义并运用国家权力，对生产经营单位和企业、事业和有关机关履行劳动安全健康职责和执行安全生产法规、政策的情况，依法进行监督检查，对不遵守国家安全生产法律、法规、标准的企业进行纠正和处罚。国家监察是一种带有国家强制性的监督，具有相对的独立性、公正性和权威性。

（四）群众监督

群众监督包括各级工会、社会团体、民主党派、新闻单位等对安全生产工作的监督。其中工会监督是最基本的监督形式，是指工会组织代表职工群众依法对劳动安全法律、法规的贯彻实施情况进行监督，维护职工劳动安全卫生方面的合法权益。针对政府以及生产经营单位和企业行政方面存在的忽视劳动安全的问题，提出批评和建议，甚至抗议，以至支持工人拒绝操作，组织职工撤离危害作业现场。对严重损害职工利益的违法行为，向司法机关提出控告。群众监督是安全生产工作不可缺少的重要环节，尤其在社会主义市场经济体制建立过程中，要加大群众监督检查的力度，全心全意依靠职工群众搞好安全生产工作。

三、水利工程安全事故处理

（一）水利工程质量事故处理

因质量事故造成人身伤亡的，还应遵从国家和水利部伤亡事故处理的有关规定。必须坚持"事故原因不查清楚不放过、主要事故责任者和职工未受到教育不放过、补救和防范措施不落实不放过"的原则,认真调查事故原因,研究处理措施,查明事故责任,做好事故处理工作。

(二)水利工程质量事故处理实行分级管理的制度

国家水利部负责全国水利工程质量事故处理管理工作,并负责部属重点工程质量事故处理工作。各流域机构负责本流域水利工程质量事故管理工作,并负责本流域中央投资为主的、省界及国际边界河流上的水利工程质量事故处理工作。各省、自治区、直辖市水利厅负责本辖区水利工程质量事故处理管理工作和所属水利工程质量事故处理工作。工程建设中未执行国家和国家水利部有关建设程序、质量管理、技术标准的有关规定,违反国家和国家水利部项目法人责任制、招标投标制、建设监理制和合理管理制及其他有关规定而发生质量事故的,对有关单位或个人从严从重处罚。

(三)事故分类

工程质量事故按直接经济损失的大小,检查、处理事故对工期的影响时间长短和对工程正常使用的影响,分为一般质量事故、较大质量事故、重大质量事故、特大质量事故。

一般质量事故指对工程造成一定经济损失,经处理后不影响正常使用并不影响使用寿命的事故。较大质量事故是指对工程造成较大经济损失或延误较短工期,经处理后不影响正常使用但对工程寿命有一定影响的事故。重大质量事故是指对工程造成重大经济损失或较长时间延误工期,经处理后不影响正常使用但对工程寿命有较大影响的事故。特大质量事故是指对工程造成特大经济损失或长时间延误工期,经处理后仍对正常使用和工程寿命造成较大影响的事故。

(四)事故报告

发生质量事故后,项目法人必须将事故的简要情况向项目主管部门报告。项目主管部门接事故报告后,按照管理权限向上级水行政主管部门报告。一般质量事故向项目主管部门报告。较大质量事故逐级向省级水行政主管部门或流域机构报告。重大质量事故逐级向省级水行政主管部门或流域机构报告并抄报国家水利部。特大质量事故逐级向国家水利部和其他有关部门报告。

事故发生后,事故单位要严格保护现场,采取有效措施抢救人员和财产,防止事故扩大。由于抢救人员、疏导交通等原因须移动现场物件时,应当做出标志、绘制现场简图并做好书面记录,妥善保管现场重要痕迹、物证,并进行拍照或录像。

发生(发现)较大、重大和特大质量事故,事故单位要在48h内向有关单位出具书面

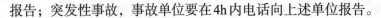

报告；突发性事故，事故单位要在4h内电话向上述单位报告。

有关单位接到事故报告后，必须采取有效措施，防止事故扩大，并立即按照管理权限向上级部门报告或组织事故调查。

（五）工程处理

发生质量事故必须针对事故原因提出工程处理方案，经有关单位审定后实施。

1.一般事故

一般事故由项目法人负责组织有关单位制订处理方案并实施，报上级主管部门备案。

2.较大质量事故

较大质量事故由项目法人负责组织有关单位制订处理方案，经上级主管部门审定后实施，报省级水行政主管部门或流域机构备案。

3.重大质量事故

重大质量事故由项目法人负责组织有关单位提出处理方案，征得事故调查组同意后，报省级水行政主管部门或流域机构审定后实施。

4.特大质量事故

特大质量事故由项目法人负责组织有关单位提出处理方案，征得事故调查组同意后，报省级水行政主管部门或流域机构审定后实施，并报国家水利部备案。

事故处理需要进行设计变更的，需原设计单位或有资质的单位提出设计变更方案；需要进行重大设计变更的，必须经原设计审批部门审定后实施。

事故部位处理完成后，必须按照管理权限经过质量评定与验收后，方可投入使用或进入下一阶段施工。

（六）事故处罚

1.须对工程事故责任人和单位进行行政处罚的

须对工程事故责任人和单位进行行政处罚的，由县级以上水行政主管部门或经授权的流域机构按照相关规定进行处罚。特大质量事故的处罚以及降低或吊销有关设计、施工、监理、咨询等单位资质的处罚，由国家水利部或国家水利部会同其他关部门进行。

2.由于项目法人责任酿成质量事故的

由于项目法人责任酿成质量事故，令其立即整改造成较大以上质量事故的，进行通报批评，调整项目法人；对有关责任人处以行政处分；构成犯罪的，移送司法机关依法处理。

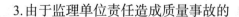

3.由于监理单位责任造成质量事故的

令其立即整改并可处以罚款，造成较大以上质量事故的，处以罚款、通报批评、停业整顿、降低资质等级直至吊销水利工程监理资质证书；对主要责任人处以行政处分，取消监理从业资格，收缴监理工程师资格证书、监理岗位证书；构成犯罪的，移送司法机关依法处理。

4.由于咨询、勘测、设计单位责任造成质量事故的

由于咨询、勘测、设计单位责任造成质量事故的，令其立即整改并可处以罚款；造成较大以上质量事故的，处以通报批评，停业整顿，降低资质等级，吊销水利工程勘测、设计资格；对主要责任人处以行政处分，取消水利工程勘测、设计执业资格；构成犯罪的，移送司法机关依法处理。

5.由于施工单位责任造成质量事故的

由于施工单位责任造成质量事故的，令其立即自筹资金进行事故处理，并处以罚款；造成较大以上质量事故的，处以通报批评，停业整顿，降低资质等级直至吊销资质证书；对主要责任人处以行政处分，取消水利工程施工执业资格；构成犯罪的，移送司法机关依法处理。

6.对不按本规定进行事故的报告、调查和处理

造成事故进一步扩大或贻误处理时机的单位和个人，由上级水行政主管部门给予通报批评，情节严重的，追究其责任人的责任；构成犯罪的，移送司法机关依法处理。

第二节　水利工程建设环境保护与文明施工

一、水利工程建设环境保护与文明施工概述

（一）环境保护

环境保护涉及的范围广、综合性强，它涉及自然科学和社会科学的许多领域等，还有其独特的研究对象。环境保护方式包括采取行政、法律、经济、科学技术、民间自发环保组织等手段，合理利用自然资源，防止环境污染和破坏，以求自然环境同人文环境、经济环境共同平衡可持续发展，扩大有用资源的再生产，保证社会的发展。

1.自然环境

为了防止自然环境的恶化，对山脉、河流、大气、海洋、森林的保护就显得非常重

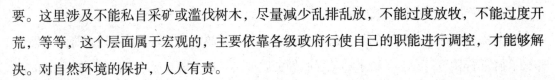

要。这里涉及不能私自采矿或滥伐树木，尽量减少乱排乱放，不能过度放牧，不能过度开荒，等等，这个层面属于宏观的，主要依靠各级政府行使自己的职能进行调控，才能够解决。对自然环境的保护，人人有责。

2.地球生物

地球生物保护包括物种的保全，植物植被的养护，动物的回归，维护生物多样性，转基因的合理、谨慎使用，濒临灭绝生物的特殊保护，灭绝物种的恢复，栖息地的扩大，人类与生物的和谐共处，等等。

3.人类环境

使环境更适合人类工作和劳动的需要，涉及人们的衣、食、住、行、玩等方方面面，这些方面都要符合科学、卫生、健康、绿色的要求。这个层面是属于微观的，既要靠公民的自觉行动，又要依靠政府的政策法规做保证，依靠社区的组织教育来引导，要工、学、兵、商各行各业齐抓共管，才能实现。地球上每一个人都有权保护地球，也有权享有地球上的自然资源，海洋、山脉、森林这些都是自然资源，也是每一个人应该去爱护的。作为公民来说，保护了居住生活环境，就是间接或直接地保护了自然环境；破坏了居住生活环境，就会间接或直接地破坏了自然环境。作为政府来说，既要着眼于宏观的保护，又要从微观入手，发动群众、教育群众，使环境保护成为公民的自觉行动。

环境问题是中国21世纪面临的最严峻挑战之一，保护环境是保证经济长期稳定增长和实现可持续发展的基本国家利益。环境问题解决得好坏关系到中国的国家安全、国际形象、广大人民群众的根本利益，以及全面小康社会的实现。保护环境可以为社会经济发展提供良好的资源环境基础，使所有人都能获得清洁的大气、卫生的饮水和安全的食品，是政府的基本责任与义务。

生态环境关系人民福祉，关乎子孙后代和民族未来。要坚持节约资源和保护环境的基本国策，着力推进绿色发展、循环发展、低碳发展。要加快调整经济结构和布局，抓紧完善标准、制度和法规体系，采取切实的防治污染措施，促进生产方式和生活方式的转变，下决心解决好关系群众切身利益的大气、水、土壤等突出环境污染问题，改善环境质量，维护人民健康，用实际行动让人民看到希望。

（二）文明施工

项目文明施工是指保持施工场地整洁、卫生，施工组织科学，施工程序合理的一种施工活动。实现文明施工，不仅要着重做好现场的场容管理工作，而且要相应做好现场材料、设备、安全、技术、保卫、消防和生活卫生等方面的管理工作。一个工地的文明施工水平是该工地乃至其所在企业各项管理工作水平的综合体现。

1.文明施工基本要求

①施工现场要建立文明施工责任制，划分区域，明确管理负责人，实行挂牌制，做到现场清洁整齐。

②施工现场场地平整，道路坚实畅通，有排水措施，基础、地下管道施工完后要及时回填平整，清除积土。

③现场施工临时水电要有专人管理，不得有长流水、长明灯。

④施工现场的临时设施，包括生产、办公、生活用房，仓库，料场，临时上下水管道以及照明、动力线路，要严格按施工组织设计确定的施工平面图布置、搭设或埋设整齐。

⑤工人操作地点和周围必须清洁整齐，做到活完脚下清，施工完毕场地清，丢弃在楼梯、楼板上的杂物和垃圾要及时清除。

⑥要有严格的成品保护措施，严禁损坏污染成品，堵塞管道。

⑦建筑物内清除的垃圾渣土，要通过临时搭设的竖井或利用电梯井或采取其他措施稳妥下卸，严禁从门窗口向外抛掷。

⑧施工现场不准乱堆垃圾及余物。应在适当地点设置临时堆放点，并定期外运。清运垃圾及流体物品要采取遮盖防漏措施，运送途中不得遗撒。

⑨根据工程性质和所在地区的不同情况，采取必要的围护和遮挡措施，并保持外观整洁。

⑩针对施工现场情况设置宣传标语和黑板报，并适时更换内容，切实起到表扬先进、促进后进的作用。

⑪施工现场严禁居住家属，严禁家属在施工现场穿行、玩耍。

⑫施工现场应建立不扰民措施，针对施工特点设置防尘和防噪声设施，夜间施工必须有当地主管部门的批准。

2.项目文明施工的工作内容

企业应通过培训教育，提高现场人员的文明意识和素质，并通过建设现场文化，使现场成为企业对外宣传的窗口，树立良好的企业形象。项目经理部应按照文明施工标准，定期进行评定、考核和总结。

文明施工应包括下列工作：

①进行现场文化建设。

②规范场容，保持作业环境整洁卫生。

③创造有序生产的条件。

④减少对居民和环境的不利影响。

二、水利工程建设项目环境保护要求

（一）不同阶段的环境保护要求

环境保护设计必须按国家规定的设计程度进行，执行环境影响报告书的编审制度，执行防治污染及其他公害的设施与主体工程同时设计、同时施工、同时投产的"三同时"制度。

1.项目建议书编制阶段

项目建议书中应根据建设项目的性质、规模、建设地区的环境现状等有关资料，对建设项目建成投产后可能造成的环境影响进行简要说明，其主要内容如下：

①所在地区的环境现状。

②可能造成的环境影响分析。

③当地环保部门的意见和要求。

④存在的问题。

2.可行性研究阶段

在可行性研究报告书中，应有环境保护的专门论述，其主要内容如下：

①建设地区的环境现状。

②主要污染源和主要污染物。

③资源开发可能引起的生态变化。

④设计采用的环境保护标准。

⑤控制污染和生态变化的初步方案。

⑥环境保护投资估算。

⑦环境影响评价的结论或环境影响分析。

⑧存在的问题及建议。

3.设计阶段

建设项目的设计必须有环境保护篇，具体落实环境影响报告书及其应审批意见所确定的各项环境保护措施。环境保护篇包含下列主要内容：

①环境保护设计依据。

②主要污染源和主要污染物的种类、名称、数量、浓度或强度及排放方式。

③规划采用的环境保护标准。

④环境保护工程设施及其简要处理工艺流程、预期效果。

⑤对建设项目引起的生态变化所采取的防范措施。

⑥绿化设计。

⑦环境管理机构及定员。

⑧环境监测机构。

⑨环境保护投资概算。

⑩存在的问题及建议。

（二）选址与总图布置

1.建设项目的选址或选线

必须全面考虑建设地区的自然环境和社会环境，对选址或选线地区的地理、地形、地质、水文、气象、名胜古迹、城乡规划、土地利用、工农业布局、自然保护区现状及其发展规划等因素进行调查研究，并在收集建设地区的大气、水体、土壤等基本环境要素背景资料的基础上进行综合分析论证，制订最佳的规划设计方案。

2.排放有毒有害物质的建设项目

凡排放有毒有害废水、废渣、放射性元素等物质或因素的建设项目，严禁在城市规划确定的生活居住区、文教区，水源保护区、名胜古迹、风景游览区、温泉、疗养区和自然保护区等界区内选址。铁路、公路等的选线，应尽量减轻对沿途自然生态的破坏和污染。

3.排放有毒有害气体的建设项目

产生有毒有害气体或因素的建设项目与生活居住区之间，应保持必要的卫生防护距离，并采取绿化措施。

4.建设项目的总图布置

在满足主体工程需要的前提下，宜将污染危害最大的设施布置在远离非污染设施的地段，然后合理地确定其余设施的相应位置，尽可能避免互相影响和污染。

5.新建项目的行政管理和生活设施

应布置在靠近生活居住区的一侧，并作为建设项目的非扩建端。

6.新建项目应有绿化设计

其绿化覆盖率可根据建设项目的种类不同而异。城市内的建设项目应按当地有关绿化规划的要求执行。

（三）污染防治

1.污染防治原则

①工艺设计应积极采用无毒无害或低毒低害的原料，采用不产生或少产生污染的新技

术、新工艺、新设备。最大限度地提高资源、能源利用率，尽可能在生产过程中把污染物减少到最低限度。

②建设项目的供热、供电及供煤气的规划设计应根据条件尽量采用热电结合、集中供热或联片供热，集中供应民用煤气的建设方案。

③环境保护工程设计应因地制宜地采用行之有效的治理和综合利用技术。

④应采取各种有效措施，避免或抑制污染物的无组织排放。设置专用容器或其他设施，用以回收采样、溢流、事故、检修时排出的物料或废弃物。设备、管道等必须采取有效的密封措施，防止物料跑、冒、滴、漏等现象。粉状或散装物料的贮存、装卸、筛分、运输等过程应设置抑制粉尘飞扬的设施。

⑤废弃物的输送及排放装置宜设置计量、采样及分析设施。

⑥废弃物在处理或综合利用过程中，如果有二次污染物产生，还应采取防止二次污染的措施。

⑦建设项目产生的各种污染或污染因素，必须符合国家或省、自治区、直辖市颁布的排放标准和有关法规后，方可向外排放。

⑧放射性物质的贮存、运输、使用及放射性废弃物的处理，必须符合相关规定的要求。

2. 废气、粉尘污染防治

①凡在生产过程中产生有毒有害气体、粉尘、酸雾、恶臭、气溶胶等物质，宜设计成密闭的生产工艺和设备，尽可能避免敞开式操作。

②各种锅炉、炉窑、冶炼等装置排放的烟气，必须设有除尘、净化设施。

③含有易挥发物质的液体原料、成品、中间产品等的贮存设施，应有防止挥发物质溢出的措施。

④开发和利用煤炭的建设项目，其设计应符合相关规定。

⑤废气中所含的气体、粉尘及余能等，其中有回收利用价值的，应尽可能地回收利用；无利用价值的应采取妥善处理措施。

3. 废水污染防治

①建设项目的设计必须坚持节约用水的原则，生产装置排出的废水应合理回收、重复利用。

②废水的输送设计，应按清污分流的原则，根据废水的水质、水量、处理方法等因素，通过综合比较，合理划分废水输送系统。

③工业废水和生活污水的处理设计，应根据废水的水质、水量及其变化幅度、处理后

的水质要求及地区特点等，确定最佳处理方法和流程。

④拟定废水处理工艺时，应优先考虑利用废水、废气、废渣等进行"以废治废"的综合治理。

⑤废水中所含的各种物质，凡有利用价值的应考虑回收或综合利用。

⑥工业废水和生活废水排入城市排水系统时，其水质应符合有关排入城市下水道的水质标准的要求。

⑦输送有毒有害或有腐蚀性物质的废水的沟渠、地下管线检查井等，必须采取防渗漏和防腐蚀措施。

⑧水质处理应选用无毒、低毒、高效或污染较轻的水处理药剂。

⑨对受纳水体造成热污染的排水，应采取防止热污染的措施。

⑩原料露天堆场，应有防止雨水冲刷，物料流失而造成污染的措施。

⑪经常受有害物质污染的装置、作业场所的墙壁和地面的冲洗水及受污染的雨水，应排入相应的废水管网。

⑫严禁采用渗井、渗坑、废矿井或用净水稀释等手段排放有毒有害废水。

4.废渣污染防治

（1）废渣的输送设计，应有防止污染环境的措施

①输送含水量大的废渣和高浓液时，应采取措施避免沿途滴洒。

②石毒有害废渣、易扬尘废渣的装卸和运输，应采取密闭和增湿等措施，防止发生污染和中毒事故。

（2）废渣必须收集并进行处理

生产装置及辅助设施、作业场所，污水处理设施等排出的各种废渣必须收集并进行处理，不得采取任何方式排入自然水体或任意抛弃。

（3）可燃质废渣的焚烧处理，应符合下列要求：

①焚烧所产生的有害气体必须有相应的净化处理设施。

②焚烧后的残渣应有妥善地处理设施。

（4）含有可溶性剧毒废渣禁止直接埋入地下或排入地面水体

设计此类废渣的堆场时，必须设有防水，防渗漏或防止扬散的措施；还须设置堆场雨水或渗出液的收集处理和采样监测设施。

（5）一般工业废渣

一般工业废渣可设置堆场或尾矿坝进行堆存。但应设置防止粉尘飞扬、淋沥水与溢流水、自燃等各种危害的有效措施。

（6）含有贵重金属的废渣

含有贵重金属的废渣宜视具体情况采取回收处理措施。

5.噪声控制

噪声控制首先控制噪声源，选用低噪声的工艺和设备，必要时还应采取相应控制措施。管道设计应合理布置并采用正确的结构，防止产生振动和噪声。总体布置应综合考虑声学因素，合理规划，利用地形、建筑物等阻挡噪声传播，并合理分隔吵闹区和安静区，避免或减少高噪声设备对安静区的影响。建设项目产生的噪声对周围环境的影响应符合有关城市区域环境噪声标准的规定。

（四）监测机构的设置

对环境有影响的新建、扩建项目应根据建设项目的规模、性质、监测任务、监测范围设置必要的监测机构或相应的监测手段。

环境监测的任务定期监测建设项目排放的污染物是否符合国家或省、自治区、直辖市所规定的排放标准；分析所排放污染物的变化规律，为制定污染控制措施提供依据；负责污染事故的监测及报告。

监测采样点要求布置合理，能准确反映污染物排放及附近环境质量情况监测分析方法，应按国家有关规定执行。

（五）环境保护设施及投资

1.环境保护设施

（1）凡属污染治理和保护环境所需的装置、设备、监测手段和工程设施等均属环境保护设施。

（2）生产需要又为环境保护服务的设施。

2.环境保护设施投资

（1）外排废弃物的运载设施，回收及综合利用设施，堆存场地的建设和征地费用列入生产投资；但为了保护环境所采取的防粉尘飞扬、防渗漏措施以及绿化设施所需的资金属环境保护投资。

（2）凡有环境保护设施的建设项目均应列出环境保护设施的投资概算。

（六）设计管理

各设计单位根据工作需要设置环境保护设计机构或专业人员，负责编制建设项目各阶段综合环境保护设计文件。设计单位必须严格按国家有关环境保护规定，做好承担或参与建设项目的环境影响评价工作。接受设计任务书以后，必须按环境影响报告书及其审批意见所确定的各种措施开展初步设计，认真编制环境保护篇。严格执行"三同时"制度，做到防治污染及其他公害的设施与主体工程同时设计。未经批准环境影响报告书的建设项目，不得进行设计。向外委托设计项目时，应同时向承担单位提出环境保护要求：对没有污染防治方法或虽有方法但其工艺基础数据不全的建设项目不得开展设计；对有污染而没有防治措施的工程设计不得向外提供；对虽有治理设施，但不能满足国家或省、自治区、直辖市规定的排放标准的生产方法、工艺流程，不得用于设计。因工程设计需要而开发研制的环境保护科研成果，必须通过技术鉴定，确认取得了工程放大的条件和设计数据时才能用于设计。

三、水利工程文明施工

（一）土方运输环境管理

1.车辆情况

车客车貌整洁，制动系统完好。车辆后栏板的保险装置完好，并另外增设一副保险装置，做到双保险，预防后板崩板。车辆应配置灭火器，用于发生火灾时应急。设备分公司负责对本公司的运输车辆进行定期检修；土方运输承包方自行负责车辆的定期检修，以保持车况的良好。

2.土方装卸

土方装卸时，场地必须保持清洁，预防车轮黏滞。车轮出门时，必须对车轮进行冲洗。车轮装载土方不得超高超载，并有覆盖物以防止土方在运输中沿途扬撒。各项目经理部、专业公司负责对土方运输量进行统计。

3.土方运输

严格按交通、市容管理部门批准的路线行驶。配备专用车辆对运输沿线进行巡视，发现问题能够及时处理。

（二）工程渣土整治措施

1.管理

施工单位持渣土管理部门核发的处置证向运输单位办理建筑垃圾、工程渣土托运手续，运输单位不得承运未经渣土管理部门核准处置的建筑垃圾、工程渣土。运输建筑垃圾、工程渣土时，运输车辆、船舶应随车携带处置证，接受渣土管理部门的检查。处置证

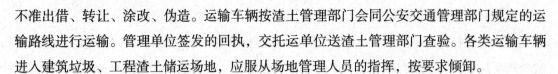

不准出借、转让、涂改、伪造。运输车辆按渣土管理部门会同公安交通管理部门规定的运输路线进行运输。管理单位签发的回执，交托运单位送渣土管理部门查验。各类运输车辆进入建筑垃圾、工程渣土储运场地，应服从场地管理人员的指挥，按要求倾卸。

2.其他管理要求

各类建设工程竣工后，施工单位应在一个月内将工地的建筑垃圾、工程渣土处理干净。任何单位不得占用道路堆放建筑垃圾、工程渣土。建筑垃圾、工程渣土临时储运场地四周应设置1m以上且不低于堆土高度的遮挡围栏，并有防尘、灭蝇和防污水外流等防污染措施。

3.注意事项

若施工所在地政府或环境保护主管部门对施工建筑垃圾、工程渣土有特定的要求，应将按照其要求执行。

（三）污水管理

1.施工污水的控制

施工现场应有设计合理的排水沟，应根据具体情况设置排水口及沉淀池。项目施工现场的混凝土搅拌设备装置与最近的地表水接收系统的距离不能小于50m。所有来自混凝土搅拌站的污水应引入一个临时沉淀池。基础及管线施工时，所采用井点降水排出的含泥沙及灌注桩施工时排放的泥浆，应在污水出口处设立沉淀池；管道闭水实验用水从最低点集中排放到城市污水管网。

当泥土沉积达到排水沟、沉淀池的1/3高度时，应对泥土进行清理，以保证能正常工作。

采购石料时应考虑控制块石的含泥量，不购买含泥量超过规定要求的块石。所有有毒有害材料、废弃物临时储存区域都应与地表水接收系统保持50m以上的距离，以防止有毒有害材料污染水体。当把有毒有害材料、废弃物从一个容器移到另一个容器时，为防止泄漏，应保持容器口始终向上。施工机械修理、维护设备须有防污措施，有条件的单位可购买防污设备。施工机械设备、车辆、集料的清洗产生的污水必须有控制措施。施工期间，施工物料应覆盖、围挡，防止雨季形成污水。施工期间和完工之后，建筑场地、砂石料场地应及时进行清理，以免形成污水。

2.生活污水的控制

①生活污水排放口必须设置过滤网，定期清理排污管道。

②在化粪池处设置沉淀池，并进行定期清淤处理。

③禁止用水清洗装贮过油类或者有毒污染物的车辆和容器。

所有提供外部施工设备、设施包括租赁、分包方、供方的，进入工作场所都必须遵守废气治理设施运行管理规程。应将此规定通报供方和分包方。

全体员工有责任和义务将重大水污染或异常情况向本部门主管反映。

（四）施工扬尘的控制措施

1.施工中控制扬尘、粉尘的一般规定

施工现场周边要设置硬质围挡，主要道路要硬化并保持清洁。建筑垃圾、工程渣土要及时清运，不能及时清运的要采取围挡、覆盖。工地出口要设置冲洗设施，运输车辆驶出施工现场前要将车轮和槽帮冲洗干净。建筑工地的水泥、石灰等可能产生扬尘污染的建筑材料，必须在库房内存放或严密遮盖，严禁凌空抛撒。在施工期间，对施工通道、施工场地洒水处理，使尘土减到最少。在生活区等施工临设周围进行硬化，保持营地和施工现场清洁卫生。

2.施工中产生扬尘、粉尘的工序作业范围及作业控制方法

施工中产生扬尘、粉尘的工序作业范围：

①砂、石、水泥、粉煤灰、土等材料的运输。

②水泥、粉煤灰的入罐。

③混凝土、二灰土等的拌制。

④桩头、混凝土表面凿毛及清理。

⑤柱、梁、板等构筑物的表面修饰。

⑥金属结构表面锈的磨光。

作业控制方法：

①砂、石、水泥、粉煤灰、土等材料的运输车辆不能超载，以免抛撒造成过多扬尘；对于袋装粉煤灰、水泥、土等材料运输要求表面覆盖，减少扬尘及材料变质；施工范围运输便道应注意洒水，避免扬尘。

②水泥、粉煤灰入罐要求装水泥罐车的管道有足够的强度。要确保水泥入罐时胶管不破，接头牢固，不发生水泥、粉煤灰严重泄漏，污染大气；同时，水泥罐内不宜装得太满，以减少水泥、粉煤灰对大气的污染。

③对于楼式搅拌站要经常检查，保证水泥、粉煤灰密封系统完好；对于简易式搅拌站入料口应设置挡风板，减少因风扬尘污染大气、伤害人体健康；对人工提供水泥的临时搅拌站，应给每位作业员工配备防尘口罩。

④现浇、预制构件尽可能采用拉毛处理表面。

⑤在进行柱、梁、板等构筑物施工时尽可能采用合理的施工方案，采取有效措施，减少混凝土表面缺陷，避免修饰。

⑥金属结构表面锈的磨光应采取防护措施，减少粉尘对人员、附近居民影响，金属结构表面锈磨光后立即油漆，避免再次磨光。

3.施工烟尘的控制

尽可能优先采用能源利用效率高、污染物排放量少的生产工艺，使用清洁能源的机动车，减少大气污染物的产生。施工机械按其维护保养规定进行管理，确保其性能满足环保要求。机动车按相关规定接受机动车排气污染的年度检测。不符合污染物排放标准的机动车，不得上路行驶。经年审后的车辆，司机应经常检查调整部位有无变化，做好车辆的保养工作。驾驶车辆人员应经常清洗"三芯"，即空气滤芯、汽油滤芯、机油滤芯，防止排气超标。司机应妥善保管环保部门经监测下发的尾气排放合格证，并应与驾驶证同样携带以备检查。使用汽油的车辆尽可能使用无铅汽油，柴油车使用的柴油则尽可能添加防止污染的添加剂。

4.生活烟尘控制

生活食堂的油烟排放，应设置过滤网，防止油烟对附近居民的居住环境造成污染。油烟排放过滤网应经常清洗，保持清洁。禁止在任何场所焚烧沥青、油毡、橡胶、塑料、皮革、垃圾，以及其他产生有毒有害烟尘和恶臭气体的物质。

（五）施工噪声及振动的管理

1.施工申报

除紧急抢险、抢修外，不得在夜间10时至次日早晨6时内，从事打桩等危害居民健康的噪声建设施工作业。由于特殊原因须在夜间10时至次日早晨6时内从事超标准的、危害居民健康的建设施工作业活动的，必须事先向作业活动所在地的区、县环境保护主管部门办理审批手续，并向周围居民进行公告。

2.施工噪声及振动的控制

施工噪声的控制：根据施工项目现场环境的实际情况，合理布置机械设备及运输车辆进出口，搅拌机等高噪声设备及车辆进出口应安置在离居民区域相对较远的方位。合理安排施工机械作业，高噪声作业活动尽可能安排在不影响周围居民及社会正常生活的时段下进行。对于高噪声设备附近加设可移动的简易隔声屏，尽可能减少设备噪声对周围环境的影响。离高噪声设备近距离操作的施工人员应佩戴耳塞，以降低高噪声机械对人耳造成的伤害。

施工振动的控制：如果施工引起的振动可能对周围的房屋造成破坏性影响，须向居民分发"米字格贴"，避免因振动而损坏窗户玻璃。为缓解施工引起的振动，而导致地面开裂和建筑基础破坏，可采取设置防震沟和放置应力释放孔等措施。

3.施工运输车辆噪声控制

运输车辆驶入城市区域禁鸣区域，驾驶员应在相应时段内遵守禁鸣规定，在非禁鸣路段和时间每次按喇叭不得超过0.5s，连续按鸣不得超过3次。加强施工区域的交通管理，避免因交通堵塞而增加的车辆鸣号。

（六）文明施工保证措施

施工现场醒目位置处设置文明施工公示标牌，标明工程名称、工程概况、开竣工日期，建设单位、设计单位、施工单位、监理单位名称及项目负责人，施工现场平面布置图和文明施工措施、监督举报电话等内容。

施工区域与非施工区域设置分隔设施根据工程文明施工要求，凡设置全封闭施工设施的，均采用高度不低于1.8m的围挡；凡设置半封闭施工分隔设施的，则采用高度不低于1m的护栏。分隔设施做到连续、稳固、整洁、美观。半封闭交通施工的路段，留有保证通行的车行道和人行道。

在过往行人和车辆密集的路口施工时在过往行人和车辆密集的路口施工时，与当地交警部门协商制定交通示意图，并做好公示与交通疏导，交通疏导距离一般不少于50m。封闭交通施工的路段，留有特种车辆和沿线单位车辆通行的通道和人行通道。

因施工造成沿街居民出行不便因施工造成沿街居民出行不便的，设置安全的便道、便桥，施工中产生的沟、井、槽、坑应设置防护装置和警示标志及夜间警示灯。遇恶劣天气应设专人值班，确保行人及车辆安全。

进行地下工程挖掘前在进行地下工程挖掘前，向施工班组进行详细交底。施工过程中，应与管线产权单位提前联系，要求该单位在施工现场设专人做好施工监护，并采取有效措施，确保地下管线及地下设施安全。

（七）工地卫生

1.炊事员必须身体健康

新上岗的炊事员必须经体检合格，在岗炊事员必须每年例行体检。体检不合格人员，不得从事炊事岗位工作。

2.设施设备

①食堂一般布置在生活区内，但不得与宿舍混用。

②食堂应配备卫生消毒用具，有防"四害"的工具。

③具备清洁水源。无自来水的施工现场食堂应配备能加盖上锁的储水池。

④应备有垃圾桶，并当天清理。

3.采购

①购进食品应经过验收，验收人员由公司安全环保科、各分支机构、项目部环境负责人指定的人员担任，但不得由采购人员一人同时包办采购和验收。

②购进食品应保证数量和质量。有包装的货物应点数，查看有效期。

4.菜品处理

①洗菜应用水洗三次，做到"一洗、二过、三漂"，净菜应用筐装好上架存放。

②切菜应有生、熟食品分开的措施，做到不混用菜刀、砧板，不混装、混放。

③烹饪应煮熟煎透，熟食应加盖或加纱罩。

④禁止在厨房外炊事作业。

5.食品卫生与环境卫生

①严格把好食堂工作人员健康关。炊事员年度例行体检不合格的，应立即撤离炊事工作岗位。

②严格把好食堂采购关，做到过期食品不采购不验收，冒牌劣质产品不采购、不验收，腐败变质食品不采购、不验收。

③炊事人员应勤洗手，勤剪指甲，勤换衣，配餐时应戴工作帽，食品制作时应穿围裙，套袖套。

④原料应分类存放。生熟食应分开处理，工序间临时存放食品应加盖加罩，送餐应采用环保饭盒，剩余食品应冷藏保管。

⑤严格控制食堂场地和设备卫生。餐前餐后应清扫餐厅，冲洗厨房制作间和配餐间。每周应进行"大扫除"，并进行药物消毒。每次使用食品加工机械和烹饪设备后，应及时清理干净。严格控制炊具、餐具卫生，做到不外借给他人使用，不随意调换功能使用。每次使用后，应用清洗剂加洁净水清洗干净，并进行高温消毒。严格控制食堂周边的环境卫生。定期灭鼠、灭蝇、灭蟑螂。垃圾应及时处置。当天用完的原料应留样本，每餐食品应留样本。样本应保留24h，并确定无公共卫生事件发生，方可处置。用餐人员应将剩饭菜渣和饭盒放进垃圾箱或垃圾桶，以便集中处置。

6.环境卫生检查

①公司安全环保科、各分支机构、项目部环境负责人应对食堂进行定期巡视检查，发现问题及时解决。

②食堂环境卫生检查，每月一次，由公司安全环保科、各分支机构、项目部环境负责人或其指定人员召集。

（八）废弃物管理措施

1.废弃物的分类

可回收废弃物：有利用价值或可再生的。

不可回收废弃物：对人体危害不大，仅对环境产生影响的废弃物。

2.有毒有害废弃物

对人体产生危害的废弃物分为以下两类：

（1）可回收物

可回收物主要包括废机油、废汽油、废机油桶、废油漆桶、废油漆刷、废金属制品、废塑料制品、废电线、废电缆线皮、废劳保手套、废工作服、废安全帽、废安全带、废编织袋、废玻璃钢等。

（2）不可回收物

不可回收物主要包括废炭粉、废橡胶材料、废胶片、废灯管、废启动液、废清洁剂、废电焊条、废医疗品、废电池、废软盘、废硒鼓、废脱模剂等。

3.废弃物的处置

项目部对可回收、不可回收废弃物进行分类，并设置箱进行分类堆放，或指定堆放场所进行存放。

项目部对有毒有害废弃物的要求：

①要对放置可回收和不可回收的有毒有害固体、液体废弃物的容器加盖，有毒有害的固体废弃物利用场地堆放的，应设置防护栏或加顶棚，有条件的应利用封闭的房屋、仓库等，防止由于雨、风、热等原因而产生的二次污染。

②放置有毒有害废弃物的容器，并设有明显标志，以防止该废弃物的泄漏、蒸发和与其他废弃物相混淆。

③化学危险废弃物须按照其特性进行分类放置，特别是性质相反的物质，不能混放，以免发生化学反应。

④项目部与施工队在施工和生活过程中，废弃物应按类别投入指定的箱或指定的堆放场地，禁止乱投乱放。放置非有毒有害废弃物的堆放场、容器内严禁放置有毒有害废弃物。

⑤有毒有害废弃物定期交分公司，分公司办公室交有资质的部门进行处置。

⑥施工产生的淤泥、余泥，运至环卫部门指定的场所，养护用的毛毡一般可回收，进行二次利用。

⑦项目部环保人员要对施工现场及生活区域内废弃物进行有效监管，通过日常巡查和

定期检查，及时发现废弃物管理中存在的问题进行跟踪整改。

4.废弃物的运输

①废弃物的运输应按规定要求选择具有相应资质的单位负责运输。

②有毒有害废弃物的运输，还应对其是否具有该废弃物运营资质、运输设备、处理能力等要求进行调查确认，认可后应与其签订正式运输协议，明确职责和责任。

③项目部与施工队自行运输废弃物的应经市环境卫生管理机构和有关部门批准，按环境保护标准进行废弃物的运输。

（九）资源节约作业指导

①分公司和项目部设立专职能源管理人员，对节约能源进行管理监督。

②在设备的选购和建造过程中，禁止选购、使用国家明令淘汰的用能设备。

③停止使用国家明令淘汰的用能设备，并不得将淘汰的设备转让给他人使用。

④推广节能新技术、新工艺、新设备和新材料，限制或者淘汰的老旧技术、工艺、设备和材料，逐步实现电动机、风机、泵类设备和系统的经济运行。

⑤分公司和项目部采取多种形式对节约能源进行宣传教育，普及节能科学知识，增强全民的节能意识，在适当的地方张贴标语和宣传画，并设立节能标志。

⑥节约生产用水。生产现场要合理用水，应当采取循环用水、一水多用，在保证用水质量的情况下，提高水的重复利用率。各种水源的品质都必须符合适用对象的要求。施工现场用水设施的出口采用节水型阀门或水龙头控制，水管衔接要拧紧、绑牢，有条件的施工现场设置沉淀池，以实现废水回收利用；清洗机械设备要注意节约用水，有条件地方的要使用节水枪。施工现场水池要防止被污染，同时，生产用水时，要防止污染环境。

⑦节约生产用电。施工现场要合理使用电能，并进行计量。施工现场的发电、输电及用电设施或设备要注意防护，定期检查，确保用电安全、无故障运行。施工现场的用电机具和设备根据施工需要随用随开，人离机停，禁止长时间空载运行。施工现场要合理配备照明灯具的数量和功率，根据需要开关。

⑧节约生产用油。生产用油包括各种燃油、润滑油、液压油。分公司、项目部根据施工生产情况，采购合格的油品，使用省油的设施；分公司、项目部建立油品采购、发放、领用、库存记录，施工设备随开随用，禁止长时间空载运转，设备操作人员严格按安全技术规程使用设备，记录油料添加情况；及时检验施工设备使用油品的质量，出现不合格时，查找原因，维修保养，并及时更换，施工设备出现跑、冒、滴、漏等现象，及时处理；更换或添加油品时，换下的油品可根据情况发挥其应有的作用，废油料的处理必须符合环境保护及其他有关法律法规等规定，严禁随意倾倒；根据设备运行时间和能耗，定期

进行能源成本核算，找出原因并整改。

⑨降低型材、水泥、砂石料等主材损耗。型材的采购应适时适量，堆放应整齐平展，防止出现库存性损耗和增大加工工作量的情形。型材的下料提倡使用新技术的对接方式，防止出现端头废料浪费严重的情况，对暂用不上的余料应统一堆放或在工地之间协调使用。优化混凝土的配合比，提倡使用散装水泥。砂石料的堆放要避免雨水冲蚀和泥石流污染。严禁砂石料和成品混凝土运输中的乱撒现象。适时进行对混凝土搅拌设备和设备上计量器具的检查，防止机械故障造成的原料损失。进行模板设计，应使用钢模的部位绝对不使用木模；配木模时禁止长料短用、大材小用现象发生。

⑩办公用材降耗。尽量使用电子文件；在打印前须预览文件，调整好格式后再行打印；使用双面打印和双面复印；使用过期文件或失效文件的反面打印临时性的草稿。所有提供外部施工设备、设施的，进入工作场所都必须遵守此规定。

参考文献

[1]朱卫东，刘晓芳，孙塘根.工程建设理论与实践丛书水利工程施工与管理[M].武汉：华中科技大学出版社，2022.

[2]张晓涛，高国芳，陈道宇.水利工程与施工管理应用实践[M].长春：吉林科学技术出版社，2022.

[3]王建海，孟延奎，姬广旭.水利工程施工现场管理与BIM应用[M].郑州：黄河水利出版社，2022.

[4]屈凤臣，王安，赵树.水利工程设计与施工[M].长春：吉林科学技术出版社，2022.

[5]赵长清.现代水利施工与项目管理[M].汕头：汕头大学出版社，2022.

[6]程瑶，刘富勤.土木工程材料[M].武汉：武汉理工大学出版社，2022.

[7]田育功.现代水工混凝土关键技术[M].郑州：黄河水利出版社，2022.

[8]杨国范，高振东.普通测量学[M].2版.北京：中国农业大学出版社，2022.

[9]刘勇，郑鹏，王庆.水利工程与公路桥梁施工管理[M].长春：吉林科学技术出版社，2020.

[10]赵永前.水利工程施工质量控制与安全管理[M].郑州：黄河水利出版社，2020.

[11]张子贤，王文芬.水利工程经济[M].北京：中国水利水电出版社，2020.

[12]唐涛.水利水电工程[M].北京：中国建材工业出版社，2020.

[13]马志登.水利工程隧洞开挖施工技术[M].北京：中国水利水电出版社，2020.

[14]张正禄.工程测量学[M].3版.武汉：武汉大学出版社，2020.

[15]陈正.土木工程材料[M].北京：机械工业出版社，2020.

[16]郑晓燕，李海涛，李洁.土木工程概论[M].北京：中国建材工业出版社，2020.

[17]吴永.地下水工程地质问题及防治[M].郑州：黄河水利出版社，2020.

[18]郭旭新，要永在.灌溉排水工程技术[M].3版.郑州：黄河水利出版社，2020.

[19]孙志恒，徐耀.深水环境大坝缺陷修补材料与工程应用[M].北京：中国三峡出版社，2020.

[20]陈雪艳.水利工程施工与管理以及金属结构全过程技术[M].北京：中国大地出版社，2019.

[21]姬志军，邓世顺.水利工程与施工管理[M].哈尔滨：哈尔滨地图出版社，2019.

[22]高喜永，段玉洁，于勉.水利工程施工技术与管理[M].长春：吉林科学技术出版社，2019.

[23]史庆军，唐强，冯思远.水利工程施工技术与管理[M].北京：现代出版社，2019.

[24]牛广伟.水利工程施工技术与管理实践[M].北京：现代出版社，2019.

[25]袁俊周，郭磊，王春艳.水利水电工程与管理研究[M].郑州：黄河水利出版社，2019.

[26]刘景才，赵晓光，李璇.水资源开发与水利工程建设[M].长春：吉林科学技术出版社，2019.

[27]李志远.施工项目会计核算与成本管理[M].北京：中国市场出版社，2019.

[28]孙祥鹏，廖华春.大型水利工程建设项目管理系统研究与实践[M].郑州：黄河水利出版社，2019.

[29]袁云.水利建设与项目管理研究[M].沈阳：辽宁大学出版社，2019.

[30]马乐，沈建平，冯成志.水利经济与路桥项目投资研究[M].郑州：黄河水利出版社，2019.

[31]林继镛，张社荣.水工建筑物[M].北京：中国水利水电出版社，2019.

[32]黄彦昆，邵敬东.混凝土拱坝筑坝技术[M].成都：西南交通大学出版社，2019.

[33]刘常新.特强岩溶地区堆石坝基础处理技术[M].郑州：黄河水利出版社，2019.

[34]高占祥.水利水电工程施工项目管理[M].南昌：江西科学技术出版社，2018.

[35]王东升，常宗瑜.水利水电工程机械安全生产技术[M].徐州：中国矿业大学出版社，2018.

[36]侯超普.水利工程建设投资控制及合同管理实务[M].郑州：黄河水利出版社，2018.